AF356585

COURS

THÉORIQUE ET PRATIQUE

DE LA TAILLE

DES ARBRES FRUITIERS.

IMPRIMERIE DE E. DUVERGER,
RUE DE VERNEUIL, N° 4.

COURS

THÉORIQUE ET PRATIQUE

DE LA TAILLE

DES ARBRES FRUITIERS,

Par M. DALBRET,

MEMBRE DE LA SOCIÉTÉ D'AGRONOMIE PRATIQUE,
JARDINIER EN CHEF DES ÉCOLES D'AGRICULTURE AU JARDIN DU ROI.

DÉDIÉ

A M. MIRBEL, MEMBRE DE L'INSTITUT.

Avec 8 planches gravées.

PARIS,

ROUSSELON, LIBRAIRE-ÉDITEUR,
RUE D'ANJOU-DAUPHINE, N° 9.

1829.

À Monsieur

Mirbel, Membre de l'Institut,

Professeur de Cultures et Administrateur au Jardin
du Roi.

Monsieur,

L'Art de tailler les Arbres fruitiers est
d'une haute importance. Je crois donc ce sujet
digne de toute votre bienveillance, et c'est ce
qui m'enhardit à solliciter la faveur de faire
paraître, sous vos auspices, mon travail sur la
taille.

Plus est grande la témérité d'un jardinier
qui, sans autre guide que son expérience, entre-
prend de faire connaître au public les observations de sa longue pratique, plus un encoura-
gement lui est nécessaire.

Il appartient au successeur des A. Thouin
et des Bosc de prêter son appui au premier
essai d'un praticien; j'ose donc espérer que

vous me permettrez, Monsieur, d'inscrire votre
nom au frontispice de mon livre, comme l'in-
vocation sous laquelle il pourra braver les
chances de la publicité.

Permettez-moi, Monsieur, de vous prier
d'agréer l'assurance de mon respectueux
dévouement,

Dalbret.

On se demandera peut-être quelle nécessité il y avait de publier un nouvel ouvrage sur la taille des arbres fruitiers après le grand nombre de ceux qui existent déjà, et surtout après les excellens traités des Thouin et des Noisette? Cette question, que je prévois, je n'ai pas l'intention de la résoudre. Seulement je ferai remarquer que quels que soient le mérite et la réputation des deux hommes célèbres que je viens de nommer, j'ose espérer qu'on trouvera encore dans mon travail quelques observations nouvelles. Elles seront sans doute échappées à ces savans qui ont embrassé l'universalité des connaissances qu'exigent tous les genres de cultures, tandis que j'ai presque exclusivement consacré mon temps, mon travail et mes observations à l'étude des arbres fruitiers, et notamment à celle des effets de la taille. J'ai osé quelquefois poser des principes qui s'écartent des leurs; cette divergence d'opinion, quelques personnes l'attribueront peut-être à ma manière d'observer; moi je la regarde comme le résultat de faits suivis assez long-temps, et dans des circonstances assez répétées pour que ma conviction ait pu s'établir sûrement.

Quoi qu'il en soit, je crois être utile au public en publiant cet ouvrage; du choc des opinions jaillit la lumière ; et peut-être aurai-je l'honneur d'en faire briller quelques nouveaux rayons. Mon travail est le résultat de dix-huit années de pratique au Jardin du Roi ; je me suis trouvé poussé à le publier par des circonstances dont je vais rendre compte, pour prouver que j'ai cédé à des sollicitations étrangères, bien plus qu'au vain désir de me mettre en évidence.

Admis par le célèbre A. Thouin à la direction de l'école d'agriculture, et de la section des arbres fruitiers et des plantes économiques, j'ai fait tous mes efforts pour mériter l'estime dont ce savant avait bien voulu m'honorer. Sous un tel maître, et guidé par mon zèle et par un goût naturel pour la taille et la culture des arbres à fruits, j'ai perfectionné en peu de temps les connaissances ordinaires que je possédais déjà sur cette branche importante de l'horticulture.

J'eus bientôt l'honneur d'être compté au petit nombre des bons tailleurs d'arbres ; dès lors beaucoup de personnes amies de l'agriculture assistèrent à mes opérations. Les questions, parfois embarrassantes, qui m'étaient adressées me forcèrent souvent à faire de nouvelles expériences pour fixer mon opinion, et m'empêcher de hasarder des réponses que plus tard j'aurais vu démentir.

L'importance de l'objet de mes démonstrations, autant que l'indulgence de mes auditeurs,
en ayant successivement augmenté le nombre,
l'excellent M. Bosc, dont les sciences pleurent la
perte, crut devoir rendre générale une instruc-
tion qui jusqu'alors n'avait été que particulière,
et il admit à mes démonstrations tous ceux qui
réclamèrent la faculté d'y assister.

Ce fut alors qu'un grand nombre de personnes
me témoignèrent le désir de voir mes instructions
réunies en corps d'ouvrage. Elles appuyaient
cette demande sur la nécessité de répandre davantage la connaissance des vrais principes de la
taille des arbres généralement trop négligée, et
sur l'utilité qui en résulterait pour les habitans
des départemens que l'éloignement et leurs af-
faires privent de la possibilité de venir à Paris.

Quelque méfiance que j'aie de moi-même,
j'étais flatté qu'on voulût bien me croire capable
d'enseigner la taille, et je me sentis l'envie de
justifier cette opinion. Je promis donc d'entreprendre le travail demandé. Ceux qui me jugent
assez habile, lorsque la serpette à la main je
joins le précepte à l'exemple, crurent probablement que, pour moi, promettre et tenir n'étaient
qu'un; car à peine la promesse fut-elle faite
qu'on en réclamait de toutes parts la réalisation.
J'avais eu l'intention de paraître en janvier; mais

des obstacles plus forts que ma volonté et indépendans de moi m'ont retardé jusqu'à présent.

La taille est une opération raisonnée par laquelle on obtient le plus de fruits possible sur le plus petit espace de terrain, en donnant aux arbres une forme agréable à l'œil et en leur conservant le plus long-temps un état de vigueur et de santé le plus rapproché de la nature. Cette définition prouve l'importance de la taille dont il serait à désirer de voir faire quelque application aux arbres forestiers, branche de l'agriculture qui réclame de grandes améliorations. Si l'importance de la taille était méconnue, il suffirait de citer en exemple les cultivateurs de Montreuil, de Bagnolet, etc., qui par son application bien raisonnée (quoiqu'elle soit encore chez eux susceptible de perfection), font produire à leurs arbres des récoltes assez abondantes pour qu'avec un petit terrain ils puissent élever leur famille dans l'aisance.

Il ne peut donc être que très utile de rendre familière à tous les jardiniers et à tous les amateurs de beaux arbres fruitiers la véritable pratique de la taille. Tel est le but où tendent mes efforts.

Pour y parvenir, j'ai suivi dans mon travail l'ordre méthodique que j'avais adopté pour mes démonstrations; j'ai insisté particulièrement sur ce qui est essentiellement utile, et sans égard pour l'élégance du style sous le rapport duquel je n'ai aucune prétention. J'ai voulu être clair et intelligible à tout le monde, et pour cela, j'ai répété les mêmes mots autant de fois que je l'ai cru nécessaire pour me faire comprendre. J'ai pris à tâche de détruire les fausses théories et les erreurs accréditées, et malheureusement encore mises en pratique par beaucoup de tailleurs d'arbres. Enfin, j'ai joint à l'ouvrage toutes les figures nécessaires, que j'ai dessinées et gravées moi même. J'avais essayé de faire exécuter les planches par un graveur, mais les ayant rendues méconnaissables, j'ai cru devoir entreprendre de le faire. Sans doute ce premier essai en ce genre ne présente pas le fini que lui aurait donné un artiste ; mais j'ai la certitude qu'il offre l'exactitude, si désirable pour des figures sur ce sujet.

La table des matières qui suit, faite dans l'ordre analytique, explique assez le plan de l'ouvrage pour que je n'en parle pas ici.

Je viens de me montrer tel que je suis ; je livre avec confiance mon travail au public. Quelle que soit l'opinion qu'on en porte, qu'on ne perde jamais de vue que c'est un jardinier qui a écrit ce qu'il pratique, parce qu'il a la conviction que la connaissance de cette pratique peut être utile ; si elle ne remplit pas ce but, c'est que peut-être il ne se sera pas rendu assez intelligible. Dans tous les eas, j'accueillerai avec reconnaissance les observations dont on voudra bien m'honorer, comme je donnerai toutes les explications que l'on pourra désirer sur les points qui paraîtraient nécessiter quelque éclaircissement.

TABLE DES MATIÈRES.

A. a bois.

B. a fruits.

CHAPITRE II.

PRINCIPES GÉNÉRAUX.

CHAPITRE II.

TAILLES MODERNES.   75

Ire SECTION. *Taille en éventail.*   77

CHAPITRE II.

TAILLES ANCIENNES ET HÉTÉROCLITES.

FIN DE LA TABLE DES MATIÈRES.

VOCABULAIRE

EXPLICATIF DE QUELQUES TERMES EMPLOYÉS DANS L'OUVRAGE.

AILE, moitié d'un arbre taillé en éventail.

AISSELLE, angle formé par une feuille avec un bourgeon, par un bourgeon avec un rameau, par un rameau avec une branche et par celle-ci avec la tige, à leur point d'insertion.

ALUMINE, l'une des substances terreuses. Combinée avec l'argile elle constitue les terres argileuses ou terres fortes.

BIFURCATION, point où une branche ou un rameau se divise en deux et forme la fourche.

BIFURQUER, opérer une bifurcation.

BOURGEON; produit d'un œil développé; il conserve ce caractère tant que ce développement n'a pas lui-même produit un œil terminal.

BOURSES; on appelle ainsi, dans les arbres à fruits à pepins, de petits corps charnus qui sont le résultat des boutons.

BOUTONS. Petits corps arrondis ou allongés qui naissent sur les tiges, les branches et les rameaux et qui contiennent les rudimens de la fructification. Ce caractère les distingue des yeux dont ils sont originaires.

BRANCHE; division de la tige ou du tronc. Un rameau dont quelques yeux sont développés, prend le caractère de branche.

— LATÉRALE; qui a son insertion sur l'un des côtés d'une tige, ou d'une branche.

— A FRUITS; celle dont la plus grande partie des yeux, rameaux et bourses sont propres à donner des fruits.

— A BOIS; quand le plus grand nombre de ses produits ne sont propres qu'à former du bois.

BRINDILLE; petit rameau grêle et très court, disposé à donner du fruit. C'est la même chose que Lambourde; voyez pl. 5, fig. 4.

BROCHE; partie du sarment réservé par la taille de la vigne. V. *Sarment.*

BRULURE; partie des écorces oblitérée, fendue par l'action des rayons solaires, et offrant une couleur autre que celle naturelle à l'arbre.

CALCAIRE; se dit d'un sol dans lequel la chaux domine.

CANDELABRE; taille qui donne aux arbres une forme imitant un candélabre.

CEP; pied de vigne dont la tige est coupée à peu de distance du sol et sur lequel sont établis plusieurs coursons.

CHARGEMENT; état d'un rameau, d'une branche ou d'un arbre qui est déjà ou qui sera chargé d'une très grande quantité de bois ou de fruits.

CHARNU; état d'une branche, d'un rameau ou d'une bourse dont le tissu cellulaire est rempli d'une très grande quantité de sève arrivée pour ainsi dire à l'état spongieux.

CHARPENTE; dans les arbres abandonnés à la nature la charpente s'entend des branches qui occupent les quatre premiers rangs, dans leur organisation; dans ceux taillés en éventail, des branches-mères, sous-mères, secondaires et de ramification; dans les vases ou gobelets, des branches circulaires; dans les pyramides et quenouilles, de la tige et des branches latérales.

CONTRE-ESPALIER; arbres taillés en éventail, palissés sur des treillages plus ou moins éloignés des murs.

CORDON; on donne ce nom à une tige de vignes conduite horizontalement.

CORNE, bifurcation peu allongée, et dont les deux parties sont taillées de la même longueur.

COURONNE; base des rameaux et des branches, formant empatement sur la branche ou la tige qui les alimente.

COURSON; partie de la vigne attachée au cordon ou au cep, et chargée d'alimenter les sarmens.

COURSONNE;(branche). Voyez p. 12.

DARD; petit rameau de la longueur de quelques pouces partant à angle droit ou a peu près de la branche qui l'alimente. Voyez pl. 5, fig. 1.

DÉCHARGEMENT; opération par laquelle on diminue la quantité de branches, rameaux, boutons ou fruits d'un arbre qui en est trop garni.

DÉNUDÉ; signifie privation, absence de l'objet dont il est ques-

tion, soit œil, bouton. feuilles, rameaux, etc.

ÉBORGNER; supprimer d'une manière quelconque les yeux ou gemmes inutiles.

ÉBOUTER; c'est retrancher l'extrémité seulement des bourgeons et rameaux.

ÉBOURGEONER; c'est retrancher une quantité plus ou moins grande de bourgeons suivant le besoin.

ÉCAILLES; petites folioles avortées servant d'enveloppe aux yeux et boutons.

EMPATEMENT; se dit de la base d'un rameau ou d'une branche qui offre beaucoup de volume à son insertion sur la partie qui la porte.

ENTAILLES; plaies que l'on pratique sous différentes formes sur les parties d'arbres dont on veut détourner la sève.

ÉPAULÉ; se dit d'un arbre soumis à la taille en éventail dont l'une des ailes est épuisée ou retranchée.

ÉPUISEMENT; c'est l'état d'une branche ou d'un arbre incapable de donner des produits durables.

ÉVENTAIL; forme que l'on donne par la taille aux arbres palissés le long des murs ou sur des treillages.

ÉVENTER; c'est tailler assez près de l'œil pour qu'il y ait évaporation.

FANON; c'est le nom de l'inventeur de cette sorte de taille.

FAUX BOURGEON; c'est le produit d'un œil développé dans l'aisselle d'une feuille.

FAUX RAMEAU; c'est un faux bourgeon terminé par un œil.

FLÈCHE; extrémité supérieure

d'un arbre taillé en pyramide et quenouille.

Fructifère ; se dit d'un arbre ou d'une de ses parties propre à porter du fruit.

Gourmand ; on appelle ainsi les branches et rameaux conformés de manière à absorber la sève utile à leurs voisins.

Gras ; se dit d'un rameau qui paraît un peu renflé et de bonne constitution. ·

Grêle ; c'est le contraire de *gras*.

Groupe ; assemblage de plusieurs yeux ou boutons réunis en faisceau.

Herbacée ; partie ou totalité de bourgeon tendre et molle dont les fibres sont peu serrées et n'ont rien de ligneux.

Inciser ; c'est fendre avec la serpette les écorces des arbres en différens sens.

Inerte ; sans mouvement sensible.

Insertion ; lieu où naît une partie, où elle prend son point d'attache.

Lambourde ; V. *Brindille*.

Ligneux ; qui est de même nature et consistance que le bois.

Mater ; c'est s'efforcer d'arrêter la vigueur d'une branche ou d'un arbre par un moyen quelconque.

Noué ; se dit du fruit ou de l'ovaire fécondé, lorsqu'il commence à prendre de l'accroissement.

Oblitérer ; se dit d'une branche ou d'un rameau qui perd de ses qualités vitales.

Œil annullé, œil qui laisse à peine de trace apparente et dont les écailles sont détruites ou très avariées.

Œil ou Gemme ; on donne ce nom aux petits corps coniques plus ou moins ronds, pointus ou aplatis suivant les positions qu'ils occupent, et qui poussent sur les différentes parties d'un arbre. C'est le premier état sous lequel la sève se montre au dehors. Voy. pag. 1re.

Œil inattendu ; celui qui perce à travers l'écorce du vieux bois, sans être précédé d'écailles apparentes.

Œil latent ; celui qui reste couvert de ses écailles, pendant l'ascension de la sève, sans paraître sensible à la végétation.

Œil latéral ; Voyez page 5.

Œil terminal ; Voyez page 4.

Onglet ; petite portion du rameau réservée au-dessus de l'œil terminal pour le protéger.

Palmette ; forme d'une taille qui offre la figure d'une main ouverte et dont les doigts sont écartés.

Pédoncule ; partie attachée au fruit et lui servant de support ; c'est ce qu'on nomme vulgairement la queue.

Pétiole ; support ou queue de la feuille.

Pincement, c'est une opération par laquelle on coupe l'extrémité d'un bourgeon dont on veut arrêter les progrès, en la pressant entre le pouce et l'index.

Pyramide, se dit d'un arbre taillé de manière à imiter cette forme.

Quenouille ; sorte de taille qui donne à l'arbre qu'on y soumet la forme d'une quenouille à filer.

Rameau ; c'est un bourgeon qui a cessé de pousser, et qui est terminé par un œil, ou un bouton. — A bois ; quand il n'est pas propre à donner des fruits. —A fruits, quand il est disposé à en produire.

RAPPROCHER; c'est tailler sur le vieux bois sans supprimer la branche entièrement.

RAVALER; c'est amputer une branche à son insertion.

RECÉPER; c'est couper un arbre à peu de distance de son pied, ou à quelques pouces au-dessus du point de la greffe, lorsqu'il en est pourvu.

SARMENT; c'est le bois de la vigne qui a produit les feuilles et les grappes dans l'année qui précède celle où l'on taille.

SÉPALE; division du calice.

SILICEUSE; terre où le sable et les cailloux dominent.

SOUS-BOURGEON; production qui part du même point que le bourgeon.

SOUS-OEIL; production placée à la base des yeux, et dont elle ne diffère que par sa faible structure, si toutefois elle est apparente.

TAILLE EN TÊTARD, ou TÊTARD, sorte de taille qui donne à un arbre une tête arrondie à l'imitation de celles des orangers, et dont les branches intérieures sont élaguées.

TAILLE EN VERT; c'est supprimer ou raccourcir des branches pendant la présence des feuilles.

TÊTE DE SAULE; se dit d'une branche qui par suite de cassemens successifs produit plusieurs rameaux les uns sur les autres, ce qui lui fait ressembler à la tête d'un saule.

TÉGUMENT; ce qui enveloppe ou recouvre un organe.

TIGE, axe central d'un arbre.

TRAPU; expression triviale qui désigne un rameau bien constitué, gros et court.

TRONC; tige tronquée au point de départ des branches de premier ordre.

VASE ou GOBELET; arbre taillé de manière à ce que les branches qui forment sa charpente offrent par leur ensemble la figure d'un gobelet à patte.

VENTELLE; sarment réservé presque en entier sur une vigne taillée en cul de lampe. Ce nom lui vient de ce qu'il est exposé au vent.

FIN DU VOCABULAIRE.

COURS

THÉORIQUE ET PRATIQUE

DE LA TAILLE

DES ARBRES FRUITIERS.

PREMIÈRE PARTIE.

CONNAISSANCES THÉORIQUES.

CHAPITRE PREMIER.

NOMENCLATURE ET CLASSIFICATION DES YEUX, BOU-
TONS, BOURGEONS, RAMEAUX ET BRANCHES.

SECTION PREMIÈRE.

Végétation inerte.

§ 1er Des Yeux.

L'OEIL est le *tégument* ou enveloppe des bourgeons
non développés; c'est lui qui les protége contre
l'intempérie des hivers.

A l'époque de la taille, les yeux se reconnaissent
au premier aspect; mais pendant la présence des
feuilles ils sont peu apparens, parce qu'ils sont recou-
verts par la base plus ou moins large du pétiole (dit

vulgairement la queue); ce n'est même qu'à l'époque où elles ont acquis toute leur grandeur, qu'ils peuvent être reconnus d'une manière certaine.

Forme des yeux. Les yeux varient dans leur forme, selon leur nature et la position qu'ils occupent. L'œil qui se trouve à l'extrémité de chaque rameau prend le nom d'œil terminal, et a pour l'ordinaire une forme conique plus ou moins comprimée.

Les yeux qui sont placés le long des rameaux sont ordinairement plus ou moins aplatis sur eux ; l'extrémité de ces yeux est aussi plus ou moins pointue : ceci peut dépendre de la nature du sujet, et cause parfois de la difficulté pour les distinguer des boutons.

Comme beaucoup de personnes confondent les yeux avec les boutons, et quelquefois même les bourgeons , nous allons expliquer les différences qui caractérisent chacun d'eux.

Yeux simples. L'œil simple contient un bourgeon destiné à devenir successivement *rameau* et branche.

L'on trouve de ces yeux sur toutes les parties des arbres , à l'exception du vieux bois, dans quelques-uns , où ils sont très rares , comme nous le dirons à l'article *rameaux*.

Yeux doubles. Il se trouve de ces yeux sur une assez grande quantité de rameaux , mais les arbres à fruits à pepins en sont presque toujours privés. Il existe cependant pour ceux-ci, comme pour tous les autres, des sous-yeux , mais ils ne sont que peu ou point apparens. Dans le pêcher, les yeux doubles ne se trouvent jamais sur des rameaux à fruits du premier ordre ; ils sont aussi fort rares sur ceux du second, mais ils sont très communs sur ceux du troisième ; il y en a presque toujours un des deux qui prend le caractère de bouton.

Yeux triples. Ces yeux sont en très grande majorité sur les rameaux à fruits du troisième ordre ; il est presque général que deux d'entre eux se changent en boutons, qui se trouvent aux deux côtés de l'œil. Il n'est pas rare non plus d'en rencontrer sur les rameaux à bois et les gourmands, mais beaucoup conservent leur premier caractère. Celui du milieu a toujours plus de tendance à se développer que les deux autres ; nous verrons plus tard l'emploi que l'on en fait.

Yeux quadruples et quintuples. Les yeux quadruples et quintuples sont assez rares ; il n'y a que les forts rameaux à fruits et à bois qui en présentent quelques-uns ; trois ou quatre prennent le caractère de boutons, et forment pour ainsi dire un petit groupe au milieu duquel se développe un œil capable de former un bourgeon très vigoureux.

Position des yeux. On distingue deux sortes d'yeux, les latéraux et les terminaux. Les yeux latéraux sont ceux qui naissent dans toute la longueur des rameaux sur leur circonférence ; on les distingue en *supérieurs* qui regardent le ciel, *inférieurs*, qui regardent la terre, *devant*, qui sont devant l'arbre par rapport à l'observateur, et enfin *derrière*, lorsqu'ils naissent sur la partie des rameaux qui avoisine la muraille. Nous n'insistons sur ces définitions que parce que chacun de ces yeux a des usages particuliers.

Yeux terminaux. Ils sont de deux sortes : celui qui naît à l'extrémité du rameau, que l'on nomme *terminal fixe*, et celui au-dessus duquel on taille, et que l'on nomme *terminal combiné*. En général, nous emploierons le mot *combiné* pour désigner des yeux, des bourgeons ou toute partie sur laquelle la taille doit exercer une influence que l'on prévoit d'avance.

Yeux latens. Ces yeux sont toujours simples, peu volumineux et placés sur le vieux bois. Ils restent souvent dans l'inaction pendant plusieurs années, et ne se développent le plus souvent que lorsqu'ils y sont excités par une taille rigoureuse. Nous verrons l'avantage que l'on en peut tirer lorsque nous parlerons des opérations.

Yeux inattendus et adventifs. On leur a donné ce nom parce qu'ils ne sont aucunement apparens; on peut déterminer leur développement par des amputations ou par une taille rigoureuse, ce que nous expliquerons à l'article *rapprochement*.

Il se fait, pour l'ordinaire, un empatement très considérable au point où ils se développent.

Yeux annulés. On en trouve assez fréquemment à la base des rameaux[1]; les caractères qui les font

---

[1] On trouve par hasard quelques faibles rameaux mal constitués dans les yeux terminaux aussi annulés, ce qui fait peu ou point de dérangement pour la taille, comme nous le verrons lorsque nous traiterons cette matière.

reconnaître sont leur état de décrépitude, leur peu d'embonpoint, et leur inaction. Si quelques-uns ne sont pas totalement éteints lorsque les rameaux prennent le caractère de branches, et s'ils s'y conservent sans se développer, ils prennent le nom d'*yeux latens*. Une des causes les plus ordinaires de l'annulement des yeux, est le défaut de temps, ou l'insouciance du cultivateur, pour l'ébourgeonnage et le palissage, ce qui occasionne la chute des feuilles en raison du peu d'air qui circule entre elles.

Plusieurs maladies des arbres, particulièrement celle qui porte son action sur les feuilles, et qui les fait tomber avant quelles aient acquis leur accroissement, sont aussi des causes très fréquentes de l'annulement des yeux; d'où l'on peut conclure que si les feuilles ne sont pas indispensables pour la création des yeux, elles sont au moins nécessaires à leur perfection, puisqu'on ne les trouve bien constitués qu'à la base des feuilles qui sont restées sur les arbres jusqu'à la fin de leur végétation annuelle.

Il est vrai que les yeux cachés ne viennent pas à l'appui de cette assertion, puisqu'il en naît sur le vieux bois à des places auxquelles il semble ne jamais y avoir eu de feuilles; au reste, ce fait s'explique en supposant que les fluides absorbés par elles et portés immédiatement dans les vieilles branches, y sont arrêtés et y forment ces sortes d'yeux. Dans les rameaux, le tissu des vaisseaux étant lâche et spongieux, la sève y circule librement; mais par l'accroissement en diamètre, les vaisseaux des branches étant comprimés irrégulièrement par les nouvelles couches formées, le fluide passe difficilement, et quelquefois y est tout-à-fait retenu ; de là, la formation des yeux.

§ II. Des Boutons.

Les boutons sont les tégumens propres des fleurs ; ils sont, ainsi que les yeux, couverts d'écailles qui peuvent être considérées, pour ceux-ci, comme autant de *sépales* avortées, et pour ceux-là, de folioles également avortées. Cette simple explication suffit pour ne plus confondre les boutons avec les yeux, comme on le fait journellement.

Les boutons sont simples ou composés, selon le genre d'arbres sur lesquels ils se trouvent placés. Sur le pêcher, l'abricotier et l'amandier, ils sont le plus ordinairement simples. Ceux qui contiennent deux fleurs ne sont pas estimés, en ce qu'ils sont sujets à l'avortement.

Les boutons des pruniers sont presque généralement doubles, et souvent triples ; dans cet état, ils sont avantageux à la fructification. Ceux de cerisiers sont presque toujours quadruples et quintuples ; ils sont également les indices d'une riche récolte. Les fleurs que renferment les boutons des poiriers et pommiers sont en nombre considérable ; cependant, il est rare qu'il excède dix à douze. Toutes les fleurs ne nouent pas, c'est-à-dire ne donnent point fruits, à beaucoup près ; mais il est assez commun d'en voir quatre à cinq sur chacun des bouquets. Il est quelques espèces dont les boutons donnent huit à neuf fruits ; mais ce fait est assez rare.

Les boutons ont pour caractère principal d'être plus ronds, plus volumineux que les yeux ; ils semblent avoir les écailles plus larges et moins nombreuses, du moins au moment où la végétation commence ; ils sont généralement plus hâtifs à entrer en végétation. Ceci doit toujours servir de base pour les faire distinguer par les personnes qui ont encore peu l'habitude de la culture des arbres fruitiers.

Position des boutons. Elle diffère beaucoup, en raison des deux séries d'arbres auxquels ils appartiennent.

Sur les *arbres à fruits à noyau* ils sont placés exclusivement le long des rameaux ; il n'est pourtant pas rare de voir à leur extrémité quatre à six boutons qui semblent les terminer ; mais il ne faut pas s'y tromper, ils sont toujours pourvus d'yeux terminaux qui jamais ne prennent le caractère de boutons. L'on trouve souvent de ces yeux annulés par les intempéries des saisons, ou par tout autre accident ; ce qui ferait croire que quelques rameaux en sont privés. On est souvent aussi tenté de croire que tous auraient pris le caractère de boutons ; mais c'est une erreur, de longues observations nous en ont convaincu : ainsi, sauf les accidens, il y a toujours un œil à l'extrémité des rameaux de la série des arbres à fruits à noyau.

Dans les *arbres à fruits à pepins*, la nature semble avoir agi en sens inverse de ce que nous venons de voir : en effet, dans cette série d'arbres, la position des boutons est toujours à l'extrémité des rameaux ; ce sont des yeux terminaux qui ont pris ce caractère qu'il n'est pas ordinaire de voir sur des yeux latéraux, à moins cependant que les rameaux sur lesquels ils se trouvent ne soient que modérément vigoureux, ou que les arbres qui les produisent aient des facultés fructifères extraordinaires, ce qui se rencontre même sur des espèces vigoureuses.

Ces boutons peuvent donner abondamment des fruits, lorsqu'ils ont une position favorable ; mais comme ils sont toujours en petit nombre, et généralement placés vers l'extrémité des rameaux, la forme que l'on donne aux arbres contraint souvent à en faire le sacrifice ; d'ailleurs les arbres qui en sont pourvus sont généralement assez chargés de boutons terminaux pour que l'on n'ait pas besoin de ceux qui se trouvent placés latéralement.

C'est à tort que quelques auteurs anciens et modernes ont publié qu'il fallait du bois de deux et trois ans pour obtenir des fruits sur cette série d'arbres. Cette assertion est dénuée de tout fondement ; nous avons souvent pris des rameaux desquels nous avons levé tous les yeux pour greffer à œil dormant; plusieurs de ces yeux ont pris le caractère de boutons après avoir été greffés, et au moment d'étêter ces arbres, pour assurer le développement des yeux placés sur chacun d'eux, nous avons trouvé ces boutons bien constitués et près de donner des fruits. Ce que nous avançons ici est connu de beaucoup de pépiniéristes ; c'est donc une absurdité de prétendre qu'il est nécessaire d'avoir du bois de trois années pour obtenir du fruit.

Époque de la formation des boutons. Les boutons se forment long-temps avant la chute des feuilles ; il y a beaucoup d'arbres sur lesquels ils se font déjà remarquer dans le cours du mois d'août, quelquefois même dans les premiers jours de juillet ; cela dépend de la vigueur des individus. A cette époque, les cultivateurs n'y font aucune attention, parce qu'ils n'ont pas besoin de les reconnaître ; cette nécessité ne se fait sentir qu'au moment de la taille.

IIe Section. — *Végétation active.*

§ I. Développement des yeux, bourgeons et boutons.

Yeux. Les yeux sont susceptibles de diverses métamorphoses ; les uns se transforment en boutons, les autres, et c'est le plus grand nombre, développent des bourgeons. Il arrive cependant quelquefois que plusieurs s'annulent et que d'autres restent latens.

Bourgeons. Les bourgeons ne sont autre chose que le développement des yeux, lorsque leurs écailles sont tombées et qu'ils laissent apercevoir leurs premières feuilles.

Les *bourgeons* conservent ce nom tant qu'ils continuent à pousser ; mais lorsqu'ils sont terminés par un *œil* ou un *bouton*, ils prennent le nom de *rameaux*.

Faux bourgeons. Ce sont des productions qui sortent de l'aisselle des feuilles portées sur des bourgeons ordinairement vigoureux. Le pêcher y est très sujet. Ils conservent ce nom jusqu'à ce qu'ils soient aussi terminés par un œil, et alors on les nomme *faux rameaux.*

§ II. Des Rameaux.

Le *rameau* est, comme nous l'avons dit plus haut, le produit d'un *bourgeon* lorsque celui-ci est terminé par un *œil*. Les rameaux sont munis d'yeux dans toute leur longueur et à de plus ou moins grandes distances, selon leur nature et leur vigueur qui varient beaucoup, puisqu'il s'en trouve qui ont à peine un pouce de longueur, et d'autres qui acquièrent six à huit pieds [1]. C'est sur ces derniers que les yeux sont les plus apparens et qu'ils offrent le plus de ressource.

Changement d'état des rameaux, ou formation des branches. C'est aux rameaux que l'on doit la forme des arbres, puisque ce sont eux qui produisent les branches. Ils conservent le nom de *rameaux* jusqu'à l'époque de la seconde année de leur formation, où ils donnent naissance à des bourgeons; ils prennent alors le nom de *branches,* qui, selon leur forme, leur position ou leur usage, ont reçu différens noms.

Avant de les faire connaître, nous dirons qu'un ou plusieurs *bourgeons* ou *rameaux*, portés sur du bois d'un an au moins, constituent ce que l'on nomme une branche.

---

(1) Dans les arbres à fruits à pepins nous considérons comme *rameaux* toute production de l'année qui a acquis plus de 6 à 8 pouces ; celles qui ont moins, forment deux genres, les brindilles ou lambourdes et les dards.

IIIe SECTION. — *Branches et Rameaux.*

§ I. Nomenclature des branches et rameaux de la série des arbres à fruits
à noyau, taillés en éventail.

A. BRANCHES.

1. BRANCHES DE PREMIER ORDRE.

Première sorte. Branches-mères. Ces branches séparent le tronc en deux parties égales ; leur fonction est de charrier la sève dans toutes les parties de l'arbre. (Voyez *pl. III, fig. A.*)

Deuxième sorte. Branches-sous-mères. Ce sont celles qui partent de la base des mères-branches, dont elles ne diffèrent que par leur position. (*Même planche, figure B.*)

Troisième sorte. Branches secondaires. Ce sont celles qui offrent le plus de volume après les mères et les sous-mères ; elles sont placées sur chacune d'elles régulièrement à la distance de trois ou quatre pieds, pour la facilité du placement des branches dont elles sont munies.

Cette sorte de branches comprend deux genres, en raison de leur position ; c'est-à-dire que celles qui sont placées sur la partie supérieure des mères-branches et des sous-mères, portent le nom de secondaires supérieures, et celles qui se trouvent placées en dessous de secondaires inférieures. (*Planche III, figure C.*)

2. BRANCHES DU SECOND ORDRE.

Première sorte. Branches de ramification. Elles prennent naissance sur les branches secondaires (*même planche*, *figure* **D**); elles ne sont souvent que momentanées. Nous donnerons connaissance de leur emploi, lorsque nous parlerons de leur formation, à l'article *de la taille*.

Deuxième sorte. Branches intermédiaires. Les branches intermédiaires ne sont autre chose que des branches coursonnes auxquelles leur position a valu ce nom, car elles sont toujours placées entre les branches secondaires. Elles sont plus ou moins volumineuses, en raison de leur vigueur. Nous entrerons dans des détails plus circonstanciés, en parlant de la création de ces branches, à l'article *de la taille*. (Voyez leur caractère, *planche III*, *figure OE*.)

Troisième sorte. Branches coursonnes. Ces branches prennent naissance sur toutes celles dont nous venons de parler. Elles sont ainsi nommées, parce qu'elles ont beaucoup d'affinité avec les branches de même nom placées sur les vignes ; elles sont également courtes, et quand elles ont acquis l'âge de quatre ou cinq ans et plus, elles sont aussi noueuses et contournées par l'effet des opérations qu'elles ont subies. Elles ont diverses positions ; les unes sont inclinées vers la terre, et prennent le nom de branches *coursonnes inférieures* ; les autres regardent le ciel, ce sont les branches *coursonnes supérieures*. (Voyez *pl. III*, *fig.* 2, 3, 5, *etc.*)

Quatrième sorte. Branches-crochets. Elles sont ainsi nommées, parce qu'elles ressemblent assez aux crochets employés à la cueillette des fruits.

Ces branches sont toujours placées sur les coursonnes ; elles consistent en deux rameaux à fruits du
troisième ordre , dont un est taillé assez long pour
obtenir du fruit dans des proportions données, et qui
varient beaucoup , en raison de la force et de la
position de la branche sur laquelle il se trouve.

Le second est taillé aussi court qu'il est possible ,
afin qu'il puisse reproduire d'autres branches-crochets. Nous donnerons sur eux des détails plus circonstanciés , lorsque nous arriverons aux opérations
qui les concernent. (Voyez *pl. III, fig.* 13.)

Cinquième sorte. Branches épuisées. Ce sont celles
sur lesquelles on ne trouve plus aucun rameau à
fruits du troisième ordre, et encore moins de rameaux
à bois. On les reconnaît assez facilement à leur aspect,
les rameaux qui s'y rencontrent étant toujours à fruits
du premier et du second ordre. Dans les arbres à
fruits à pepins, les branches épuisées sont presque entièrement privées de rameaux[1] ; et les branches à
fruits qui y sont très multipliées, sont d'un petit
volume et de mauvaise apparence ; les bourses y sont
peu renflées ; enfin , les boutons et les yeux y offrent
également un caractère de longueur remarquable.
Au reste, la nomenclature de ces branches est si
simple qu'elle n'aurait pas besoin d'explication ; mais
elle est d'une telle importance pour les applications ,

---

[1] Elles sont seulement munies de brindilles ou lambourdes et de
dards.

que nous avons cru devoir y ajouter quelques phrases qui en précisassent le sens et aidassent à les retenir.

Sixième sorte. Branches de remplacement. On nomme ainsi celles qui sont destinées à remplacer des branches épuisées ou sur le point de le devenir, tant pour celles qui composent la charpente, que pour les branches coursonnes. Les branches de ramification et les intermédiaires ne se remplacent pas ; ce sont elles, au contraire, qui sont souvent employées pour remplacer des branches secondaires. Les rameaux à bois, ou les gourmands, sont aussi très propres à cet usage ; et par une préparation soignée, les rameaux à fruits ont aussi cette faculté, mais ils sont plus particulièrement réservés pour remplacer les branches coursonnes. Un rameau peut aussi en remplacer un qui serait dans son voisinage et que l'on aurait taillé dans cette vue. Nous insisterons davantage sur ces branches, en parlant de la taille.

B. RAMEAUX.

Première sorte. Gourmands. On nomme gourmands toutes branches dont la vigueur extraordinaire peut devenir préjudiciable à celles qui l'environnent, et souvent à l'arbre entier. Ce caractère devra toujours servir pour les faire reconnaître [1]. Il est d'ailleurs difficile de s'y méprendre à leur volume, à la couleur grise de leur écorce, qui se fait remarquer dans les deux tiers environ de leur longueur, à la petitesse des

---

[1] Ceci étant commun pour toute la série, nous n'en parlerons plus à l'article *pommier et poirier*.

yeux placés dans cette partie, dont quelques-uns
sont annulés et assez éloignés, tandis que ceux qui
sont à leur partie supérieure sont gros et très saillans,
et que beaucoup d'entre eux se développent et forment des faux rameaux.

Deuxième sorte. Rameaux à bois. Ils diffèrent peu
des précédens pour leur forme et la couleur de leur
écorce. Ils sont ainsi nommés, parce qu'ils sont, pour
l'ordinaire, privés de boutons à leur base ; quoique
les yeux qui s'y rencontrent soient triples pour la
plupart, néanmoins les extrémités de ces rameaux
sont abondamment pourvues de boutons. Les faux
rameaux sont aussi très fréquens sur cette partie.
Les jeunes sujets de la première, deuxième, troisième
et quatrième taille ont beaucoup de ces rameaux ; ils
se rencontrent plus rarement sur les arbres plus
avancés en âge, lorsqu'ils sont bien taillés.

Troisième sorte. Rameaux combinés. On nomme ainsi
ceux qui, par, une taille raisonnée, se sont développés dans différens sens, et sur différens points ;
les uns sont latéraux, les autres terminaux. Nous
traiterons de leur création et de l'usage que l'on en
doit faire, au chapitre *de la taille.*

Quatrième sorte. Rameaux inattendus ou adventifs.
Ces sortes de rameaux sont ainsi nommés, en ce qu'ils
se présentent dans des positions véritablement inat-
tendues, qu'ils percent le plus souvent à travers les
écorces des branches de toute nature, comme nous
l'avons dit à l'article des *bourgeons* de ce genre. Ils

présentent à leur base un empatement assez considérable, ce qui leur donne la facilité de prendre un
très grand accroissement. Ils sont assez communs
sur les vieux arbres, et il s'en développe quelquefois
dans le voisinage du bourrelet de la greffe de beaucoup
d'arbres du genre pêcher, plantés dans un bon terrain
seulement, car les arbres qui croissent sur un mauvais, en sont assez généralement privés; et lorsqu'il
s'en trouve, ils semblent inviter les cultivateurs à
réformer de vieilles branches, afin de faire passer
leur peu de sève au profit de ces jeunes rameaux.
Cette opération ne doit se faire qu'avec de très
grandes précautions que nous expliquerons à la taille.
Les rameaux inattendus sont beaucoup plus fréquens
sur les arbres à fruits à pepins que sur ceux dont
nous venons de parler ; ils sont souvent le résultat
de quelques amputations, ou l'effet d'une taille mal
raisonnée.

L'état de caducité, ou quelques maladies auxquelles
ces arbres sont sujets, nécessite aussi leur sortie, et
l'on en voit assez souvent sur les tiges des arbres de
tous genres. Nous ferons remarquer l'importance et
l'utilité de ces rameaux, lorsque nous traiterons les
différentes tailles.

*Cinquième sorte. Rameaux à fruits et à bois, ou
rameaux mixtes.* On nomme ainsi ceux qui sont susceptibles de donner du fruit en abondance, et
dont les yeux peuvent se développer avec assez
de force pour former des bourgeons vigoureux,
propres à la formation de rameaux à fruits du troi-

sième ordre pour l'année qui succède ; ces rameaux ont, pour caractère principal, les écorces grises à leur base, et les yeux de cette partie bien développés et accompagnés de deux et quelquefois trois boutons, sauf les accidens. Ceux qui sont placés vers l'extrémité, sont pour l'ordinaire très saillans, toujours triples, quelquefois quadruples et quintuples ; une partie de ces yeux se change en boutons.

Les rameaux à *fruits et à bois* sont assez souvent placés à l'extrémité des branches qui forment la charpente des arbres, quoiqu'ils ne soient pas rares sur les branches coursonnes supérieures. En général, ils dénotent assez la vigueur des branches qui les alimentent.

Sixième sorte. Rameaux à fruits du troisième ordre. Ces rameaux ressemblent beaucoup aux précédens ; néanmoins ils sont toujours moins volumineux, moins propres à donner une grande quantité de fruits, et ne peuvent développer qu'un ou deux bourgeons capables de les remplacer. En effet, si la taille est sagement combinée, les précédens peuvent donner une assez grande quantité de fruits et un certain nombre de bourgeons, ce qui n'a jamais lieu pour ceux-ci, mais leur position les caractérise plus encore que tout ce qui vient d'être dit ; du reste, les rameaux à fruits du troisième ordre sont en grande partie pourvus d'yeux triples dont deux prennent le caractère de boutons (voy. *pl. I, fig.* 6). Lorsqu'ils sont bien constitués, les yeux qui sont à leur base sont en général assez rapprochés, mais sujets à être endommagés par les gelées printanières ou par quelque défaut du palissage.

Ces rameaux ont pour l'ordinaire la grosseur d'un tuyau de plume, terme moyen, et 10 à 30 pouces de longueur. On a quelquefois de la peine à les reconnaître, surtout lorsque, par les accidens que je viens d'expliquer plus haut, ils se présentent privés de boutons dans toute leur longueur. On ne sait alors à quel ordre ils doivent appartenir; leur longueur et leur grosseur sont, en pareil cas, les seuls caractères auxquels il faille s'attacher.

Septième sorte. Rameaux à fruits du second ordre. Ils tiennent le milieu entre ceux du premier ordre et ceux du troisième. Ils sont grêles, de la longueur de 3 à 10 pouces : leur volume ne dépasse guère la grosseur d'une paille de seigle, à la base, et souvent ils sont infiniment plus minces. Leur caractère principal est d'avoir la plus grande partie de leurs yeux latéraux simples, et dont la plupart ont pris le caractère de boutons (voyez *pl. I, fig.* 7). Si cependant ils se trouvaient dans des positions telles que l'air y parvînt difficilement, les yeux seraient dominans et mal constitués. Ces branches peuvent donner des fruits, quoi qu'en dise une foule d'auteurs, mais rarement des bourgeons assez vigoureux pour les remplacer, à moins que l'on ne supprime les fruits en les taillant sur le premier ou second œil; encore n'en doit-on espérer de bons résultats qu'en faisant des réformes assez nombreuses sur les branches auxquelles ils sont attachés. Cette réforme forcera la sève à se porter dans les yeux réservés, qui bientôt formeront des rameaux du troisième ordre. Mais sous ce point de vue, et celui du produit en fruits, l'on ne devrait en faire usage qu'à la dernière extrémité ; car un arbre taillé avec soin doit avoir assez de rameaux bien constitués , sans eux ; cependant, à cause de leur position dans le voisinage des grosses branches ou du mur leur servant d'abri, on est fort heureux de pouvoir en tirer parti quand les intempéries ont détruit la plus grande partie des autres rameaux.

Huitième sorte. Rameaux à fruits du premier ordre. Ils acquièrent à peine la longueur de 1 à 3 pouces : ils sont toujours munis d'un œil terminal , et les yeux qui se trouvent placés latéralement prennent pour la plupart le caractère de boutons ; quatre à cinq de ces boutons garnissent la base de l'œil terminal, et semblent se confondre avec lui (voyez *pl. I*, *fig*. 8). On leur a donné le surnom de branches couronnées, parce qu'elles portent une espèce de couronne de fleurs. Au moment de la floraison, ils sont très précieux pour leurs fruits, qui sont les plus sûrs. Au moyen d'une taille bien entendue, ils peuvent en outre donner naissance à des bourgeons très bons pour former des rameaux à fruits du troisième ordre.

Faux rameaux. Ces sortes de productions sont placées exclusivement sur tous les rameaux , mais plus communément sur ceux à bois, et les gourmands ; ce que j'ai dit en parlant des faux bourgeons me dispense d'entrer dans de plus longs détails à leur sujet.

§ II. Nomenclature des Branches et Rameaux de la série des arbres à fruits à pépins.

A. BOIS.

I. *Branches qui composent la charpente des arbres soumis à la taille en éventail.*

Elles ne diffèrent en rien de celles qui composent la charpente des arbres à fruits à noyau, à l'exception des branches secondaires qui sont beaucoup plus rapprochées l'une de l'autre, leur plus grande distance étant d'un pied ou environ ; de sorte qu'inclinées l'une sur l'autre, cette distance se réduit à peu près à 6 pouces. Les moyens employés pour les obtenir étant les mêmes que ceux indiqués dans la première division, je m'abstiendrai de les répéter.

II. *Branches composant la charpente des arbres soumis à la taille en vase ou gobelet.*

Branches circulaires, simples ou bifurquées. Elles sont ainsi nommées, parce qu'elles sont placés circulairement, de manière à former par leur ensemble un vase ou gobelet plus ou moins grand, selon la vigueur des arbres.

Elles sont simples, bifurquées ou trifurquées, selon les besoins et la force de chacune d'elles. Nous indiquerons ces cas en parlant de la taille en vase ou gobelet.

III. *Branches qui composent la charpente des arbres taillés en pyraramide et en quenouille.*

Première sorte. Tige. La tige peut être considérée comme la branche-mère unique, ou l'axe central des arbres en pyramide et en quenouille. On nomme flèche le rameau qui doit continuer la tige.

Deuxième sorte. Branches latérales. Toutes les branches portées immédiatement sur la tige, ont reçu ce nom ; leur ensemble forme la charpente des arbres ainsi taillés.

Troisième sorte. Branches latérales bifurquées. Ces branches ne diffèrent des précédentes qu'en ce qu'elles sont bifurquées et trifurquées. (Voyez BIFURCATION , *planche VII fig.* 1.)

Il est bon d'observer que ce qui vient d'être dit dans les sous-divisions II et III s'applique également aux arbres à fruits à noyau, lorsque l'on leur donne les mêmes formes.

B. A FRUITS.

Première sorte. Rameaux couronnés. Les rameaux couronnés sont ceux à l'extrémité desquels il se trouve un bouton ; ils ont différentes dimensions, et sont tous propres à fournir des fruits. Lors de la taille , j'expliquerai leur usage.

Deuxième sorte. Dards. Les dards sont de petits rameaux, ayant depuis 2 lignes jusqu'à 2 pouces de longueur, dont l'œil terminal est plus ou moins pointu ; on les nomme ainsi , parce qu'ils sont placés ordinairement à angle droit ou à peu près sur les branches auxquelles ils appartiennent (voyez *planche V fig.* 1). Les dards se trouvent sur toutes les parties des arbres, et sont une des premières ressources pour la production des fruits , puisque l'œil qui est à l'extrémité de chacun d'eux s'arrondit, et prend à la fois le caractère de bouton. Il est vrai que l'on ne peut en fixer l'époque ; mais une main habile peut l'avancer d'une manière sensible et presqu'à son gré; néanmoins je ferai remarquer un de ces dards (*planche V, fig.* 1) qui, comme on peut le voir, est de la longueur de 2 pouces et demi, ou environ, de l'âge de sept années, et qui cependant n'est pas encore couronné ; cela tient à la nature de l'arbre ou à la position dans laquelle l'un ou l'autre se trouve.

Il est facile de voir que le dard placé à la droite de la fig. 1, planche 5, n'a que six mois, mais on remarque également qu'il se trouve placé sur une portion des rameaux. Si ce dard avait pris plus d'accroissement, il aurait la dénomination de brindille ou de faux rameau, selon son étendue. Indépendamment de la fig. 1, on pourra également en remarquer de différentes dimensions sur les bourses. (*Fig.* 3 ; *etc.*)

Troisième sorte. Dards couronnés. Ils se distinguent des précédens en ce que l'œil qui se trouve placé à l'extrémité de chacun d'eux prend le caractère de bouton (voyez *pl. V fig.* 2). On peut, en obtenant des fleurs et des fruits, obtenir aussi des rameaux considérables qui puissent être utilisés au besoin.

Quatrième sorte. Bourses. Ce sont les productions des boutons (voyez *pl. V, fig.* 3). Elles se présentent sous cette forme aussitôt que les fleurs paraissent, au point où le pédoncule de celles-ci est attaché, et elle la gardent pendant un laps de temps assez considérable, mais qui peut être limité, en raison de la quantité de la sève qu'on y fera passer ; par ce moyen on peut, à volonté, en faire sortir des dards ou des rameaux de la longueur de plusieurs pieds.

Nous traiterons cette matière plus en détail à l'article de la taille.

Cinquième sorte. Brindilles. Ce sont de petits rameaux grêles de la longueur de 4 pouces , terme moyen (voyez *pl. V, fig.* 4). Ils sont de première nécessité sur les arbres vigoureux, pour les déterminer à donner des fruits, puisque , partout où ils se trouvent, ils opèrent , comme les dards , la multiplicité des boutons. Voyez le résultat (*pl. V, fig.* 5). Lorsque les brindilles sont dans cet état , elles prennent le nom de *branches à fruits* , puisque tous les yeux qu'elles alimentent peuvent prendre le caractère de boutons.

Elles sont de peu d'importance sur les arbres d'une végétation faible , en ce que les dards et les boutons y sont pour l'ordinaire très multipliés et souvent plus que suffisans , comme nous le verrons en parlant de la taille.

Sixième sorte. Branches à fruits proprement dites. Les branches à fruits sont considérées telles , du moment où un ou plusieurs de leurs yeux ont pris le caractère de boutons , et que la plus grande partie des autres produits se compose de dards et de bourses (voyez *pl. V , fig.* 5 et 6); et néanmoins , il est des branches à fruits dont les caractères ne sont pas aussi bien prononcés , en ce qu'il se trouve quelques-uns de leurs dards développé , et formant des

rameaux. Quand le nombre de ces rameaux ne dépasse pas celui des dards, elles ne sont pas moins
considérées comme branches à fruits ; mais si ceux-là
ont la majorité, elles ne doivent plus être regardées
que comme branches à bois.

A l'article de la taille, nous donnerons les moyens
de les ramener à leur état primitif.

Les branches à fruits ont souvent des dimensions
beaucoup plus considérables que celle que nous représente la fig. 6, pl. 5. On voit par cette figure
que les bourses sont accumulées les unes sur les autres, ce qui prouve que le nombre en est illimité par
la nature, mais fixé par le jardinier instruit ; leur
surabondance peut devenir très nuisible à la maturité des fruits et aux arbres eux-mêmes.

Parmi les différentes branches qui composent la
charpente des arbres de cette série, il en est plusieurs
qui prennent le caractère de branches à fruits ; ce
sont celles qui ne produisent que des dards. L'on
doit y prendre bien garde pour la régularité et la
sûreté des arbres ; car il est à craindre que, si le
nombre de ces branches venait à se multiplier trop,
ils soient à deux doigts de leur perte : les exemples
que j'en donnerai confirmeront cette vérité.

SECTION IV. — *Classification des Branches et Rameaux
sous le rapport de leur vigueur.*

Il me paraît indispensable de former quatre genres
de branches, afin de pouvoir expliquer clairement
les principes généraux qui concernent chacune

d'elles, et me dispenser d'augmenter le détail des opérations, lors des démonstrations de la taille. Il m'a paru en même temps nécessaire de donner une idée précise de l'action de la sève sur elles, en indiquant les moyens applicables pour les maintenir en vigueur, ou apaiser leur trop forte végétation.

La première sorte de ces branches est celle que j'ai nommée branches fortes, la seconde branches faibles, la troisième branches languissantes et enfin la quatrième branches épuisées.

Branches et rameaux forts. Les opérations applicables à ces parties ont été décrites par beaucoup d'auteurs ; mais comme quelques-uns ne partagent pas entièrement mon opinion et que l'expérience m'a convaincu de l'efficacité de mes opérations, je vais en indiquer les règles.

Je dirai donc que pour empêcher le développement des branches fortes, il faut tailler très court, afin de leur laisser peu de canaux conducteurs de la sève. Si au contraire on veut les développer, il faut tailler très long, afin que la quantité d'yeux qui s'y trouveront puissent augmenter leur vigueur ; car ; les *yeux bien constitués* sont autant de pompes propres à attirer la sève. Je suis, sur ce point, parfaitement d'accord avec M. *Mosard*, excepté que cet auteur attribue aux branches la faculté que j'accorde aux *yeux bien constitués*. Pour moi, je crois que les branches ne font que conduire la sève des racines aux bourgeons.

Lors donc qu'une de ces branches paraît prendre

plus de développement qu'on ne le désire, il faut faire ce que j'ai dit plus haut, tailler très court [1], et préparer cette taille par l'ébourgeonnage et le pincement que l'on fera très rigoureusement et de très bonne heure, afin de lui laisser peu d'organes propres à faciliter sa végétation.

Tous les cultivateurs de la campagne qui aiment à observer, peuvent se pénétrer de cette vérité. Il n'est aucun d'eux qui n'ait vu des arbres couverts de chenilles, en partie ou en totalité. Si donc une branche est attaquée par ces insectes, bientôt ils dévorent les feuilles et l'extrémité des jeunes bourgeons; alors elle diminue de vigueur, et si l'on ne vient pas à son secours, elle peut périr, fût-elle la plus vigoureuse de toutes, comme on le voit souvent.

Nous devons donc profiter des leçons de la nature, et employer ses moyens pour rétablir l'équilibre, base de l'existence dans les végétaux.

Branches et rameaux faibles. On nomme ainsi toute branche qui, bien constituée d'ailleurs et en bon état de santé, se trouve plus petite qu'une ou plusieurs de ses voisines, mais à laquelle une taille bien raisonnée peut rendre la supériorité.

Branches languissantes. Il faut bien se garder de confondre ces branches avec les précédentes, dont le nom paraît identique, mais dont la constitution

---

(1) Cependant cette opération ne doit pas être trop multipliée sur les arbres à fruits à noyau; on les mettrait dans le cas d'avoir des extravasations de sève.

diffère essentiellement. On nomme *branches languissantes* toutes celles qui sont dans un état maladif, incapables de donner des rameaux à bois et pour l'ordinaire couvertes de boutons.

Ce que j'ai dit jusqu'à présent s'applique à tous les genres d'arbres ; mais ce que je vais dire maintenant est spécialement destiné à ceux de la série des fruits à noyaux. Dans cette série, des branches semblables doivent être taillées avec toutes les précautions utiles à leur développement ; une partie des rameaux sera totalement supprimée, et l'autre taillée assez près de leur base pour qu'il n'y reste qu'une très petite quantité de fruits, et que la branche puisse reproduire des bourgeons vigoureux pour remplacer les rameaux supprimés.

Branches épuisées. Ce sont des branches languissantes arrivées à la dernière période de leur existence, et qu'une production déraisonnable de fruits a mises hors d'état de développer du bois. Nous verrons que sur les arbres à fruits à noyaux il arrive souvent que l'on épuise volontairement des branches ou des rameaux, en leur faisant porter beaucoup de fruits et en les taillant pour cela très long ; *c'est ce que l'on nomme tailler en toute perte.*

CHAPITRE II.

PRINCIPES GÉNÉRAUX.

PREMIÈRE SECTION.

Équilibre de végétation.

§ Ier. Moyens de répartir également la sève dans les diverses parties des arbres taillés en éventail.

J'ai dit plus haut que les mères-branches séparent *les arbres en éventail* en deux parties égales, et donnent lieu à ce que l'on appelle la *charpente des arbres.*

Une longue pratique a prouvé que, pour leur succès, elles ne doivent pas être plus inclinées que l'angle de 45 degrés, et encore ne doivent-elles arriver à cet angle que graduellement: car la première année de leur existence elles devront être placées à un angle beaucoup plus droit, comme celui de 75 et 70 degrés, et abaissées successivement chaque année, en raison de leur vigueur; car c'est toujours la nécessité du placement des rameaux destinés au prolongement de ces branches qui doit les faire abaisser à celui de 45. Il est vrai que cet angle est souvent dépassé de beaucoup par le défaut de hauteur des murailles ou d'autres circonstances que je développerai plus tard en parlant des défauts de quelques arbres que l'on rencontre dans certains jardins. Ceci est parfaitement applicable aux arbres qui poussent avec régularité dans les deux ailes ; mais il arrive souvent qu'un des côtés pousse avec une très grande vigueur, tandis que l'aile opposée est très faible. Si l'on n'y remédie promptement, l'arbre se trouve défiguré en peu de temps, et exposé à perdre une de ces ailes. c'est ce qu'on appelle un arbre *épaulé*.

Premier moyen. Il faut, dans ce cas, redresser les branches affaiblies, et abaisser autant que possible l'aile la plus vigoureuse. La sève trouvant dans la première un passage plus facile, négligera la seconde, et pour peu que l'on facilite encore sa croissance par une taille convenable, l'équilibre sera bientôt rétabli. Il est encore un moyen que je recommanderai toujours en pareil cas, c'est de palisser le plus près possible tous les rameaux et bourgeons de la partie forte, en laissant à l'autre toute aisance et liberté. Si celle-ci était palissée, il serait bon de la débarasser de ses attaches et de l'éloigner du mur par des bouchons de paille ou autres corps placés entre les grosses branches et le mur, ou par des perches sur lesquelles elle serait fixée jusqu'à ce que l'équilibre soit rétabli, ce qui arrive assez généralement à la fin de l'été. Il ne serait pas convenable d'employer ce moyen trop tôt, parce que pendant le printemps et le commencement de l'été, les branches et les bourgeons ont besoin de la protection de la muraille. Du reste, il peut être employé avec un pareil succès pour une branche ou même un simple bourgeon dont on voudrait aider le développement.

Deuxième moyen. Si les indications que je viens de donner étaient insuffisantes, il faudrait pincer sévèrement les bourgeons les plus forts de la partie vigoureuse, et même réformer les moins utiles; mais laisser la totalité des bourgeons, excepté ceux qui formeraient confusion sur la partie faible. Cette simple suppression livre passage à l'air, et la liberté que l'on a donnée aux branches laissant aux feuilles l'exercice de leurs fonctions absorbantes, les rameaux ne tardent pas à reprendre la supériorité ou au moins l'égalité de vigueur qu'ils avaient perdue.

Troisième moyen. Si tous ces soins n'ont pas encore donné de résultats satisfaisans, à la taille on supprimera quelques rameaux à bois du côté fort, on l'inclinera davantage, et les rameaux vigoureux qui s'y trouveront seront taillés un peu court. S'il se trouvait sur cette partie des rameaux à fruits, on en laisserait la presque totalité, et on les taillerait un peu plus longs que si l'arbre était uniforme dans toutes ses parties[1].

L'autre sera traité en sens inverse; les rameaux à bois très longs, et quelquefois plusieurs d'entre eux, resteront sans être taillés; ceux à fruits devront être en très petit nombre, et taillés très court pour en

---

(1) C'est ce que nos anciens auteurs ont nommé *charger* la partie forte, et *décharger* la partie faible. La plupart des théoriciens, ayant combattu cette opinion, ont donné lieu à de faux préceptes, que je me promets de réfuter en parlant du *chargement* et du *déchargement.*

obtenir plutôt du bois que du fruit. Il en résultera
que les yeux qui y resteront se développeront avec
force, et donneront de bons bourgeons qui rétabli-
ront bientôt l'équilibre, en ayant soin pourtant d'y
ajouter le palissage, comme je l'ai indiqué plus
haut. Enfin, on facilitera le développement de ces
parties en les incisant longitudinalement. Ces moyens
n'auront de succès qu'autant que les fibres des
branches de cette partie seront encore assez élastiques pour se dilater au moment où la sève se
mettrait en mouvement.

Quatrième moyen. Si l'on taillait long une branche
languissante, comme je l'ai dit pour les branches
faibles, on achèverait de la perdre ; il faut au contraire la tailler très court, et chercher à n'obtenir
que peu ou pas de fruits, quand bien même elle
serait assez avancée en âge pour en donner. La
partie opposée, qui est d'une vigueur démesurée,
sera taillée très court ; il est même quelquefois nécessaire de rapprocher sur le vieux bois, afin de reporter la sève dans une plus petite quantité d'yeux. Bien
que ce procédé ne soit pas infaillible, c'est cependant ce que l'on peut faire de mieux, au moins pour
de jeunes arbres, en ce que si la sève ne passe pas
dans la partie languissante, au moins elle se trouve
assez comprimée du côté fort pour faire naître sur
quelques branches coursonnes des bourgeons vigoureux qui deviendront gourmands, et que l'on incli
nera du côté languissant, de manière à le remplacer
l'année suivante.

Ce dernier moyen ne doit être mis à exécution qu'à la dernière extrémité, ce qui est très rare, ceux indiqués plus haut suffisant le plus ordinairement ; et comme il n'est pas sans danger, sur les arbres à fruits à noyau surtout, on tâche de l'éviter autant que possible. D'abord la suppression que l'on a faite du côté fort, oblige la sève à se porter vers la partie faible, comme on l'a vu ; mais, n'y trouvant que des branches dont les tissus sont étroits et peu élastiques, elle les déchire, s'extravase par les plaies, s'y coagule et forme ce que l'on appelle la gomme. Le même inconvénient a lieu du côté fort, parce que les branches réservées étant taillées, comme on l'a vu, très court, le défaut d'yeux propres à recevoir la sève qui arrive abondamment dans cette partie, fait qu'il s'y établit souvent des extravasations semblables et que l'on ne répare que difficilement. Il arrive aussi que les yeux qui s'y trouvent se développent avec force, et forment des bourgeons assez vigoureux pour que leurs propres yeux développent à leur tour des faux bourgeons. Toutes les fois que les terres, où les arbres se trouvent, sont de nature douce et un peu fraîche, ces inconvéniens sont réparables, en leur donnant les moyens de s'accroître pendant les années suivantes ; mais si au contraire cette terre est de nature sèche et brûlante ou forte et humide à l'excès, il en est tout différemment ; il faut alors tâcher, comme je l'ai dit, d'obtenir un rameau vigoureux de l'une des branches placées sur la partie forte.

Quelques auteurs ont indiqué, en pareil cas, des

procédés tous différens, ils disent qu'un arbre dont un des côtés se disposerait à trop prévaloir sur l'autre, et dont on voudrait rétablir l'équilibre, devrait être taillé; 1° la partie forte *très long* et inclinée, afin de l'empêcher d'absorber la sève, et la partie faible *très court*, afin d'y faire développer de forts rameaux, que l'on ne peut obtenir que par *l'inclinaison de la partie vigoureuse*. C'est aggraver le mal au lieu d'y remédier; en voici la raison : on supprime les yeux sur la partie *la plus faible* et on les conserve sur *le côté fort*; or, d'après les fonctions que nous attribuons aux yeux bien constitués, comme le sont ceux-ci, il est évident que *la partie faible* doit perdre et perd effectivement bientôt le peu de vigueur qui lui restait. Il faut donc se bien pénétrer de ce principe, que plus on laisse d'yeux sur une branche ou sur une aile, plus on lui donne les moyens de s'accroître, toutes les fois pourtant qu'elle est jeune et non épuisée.

§ II. Moyens de répartir également la sève dans les diverses parties des arbres taillés en pyramide.

Les moyens que l'on peut mettre en usage pour répartir uniformément la sève dans les arbres taillés en pyramide, ont un peu de rapport avec ceux que je viens d'indiquer, puisqu'ils sont basés sur les mêmes principes.

Les arbres pyramidaux nous sont envoyés des pépinières sous le nom de quenouilles, parce qu'à cette époque ils en ont la forme; ils sont le plus souvent munis de très forts rameaux à leur partie supérieure au détriment de celle inférieure; la sève y est donc *mal répartie* et demande à être remise en équilibre.

On ne rencontre le plus souvent, dans la partie inférieure de l'arbre, que des dards plus ou moins longs et de faibles rameaux disposés à donner des fruits. Si l'art ne vient pas à son secours, il gardera infailliblement la forme de quenouille, qui ne peut lui convenir, en ce que les parties basses sont privées d'air et surtout de l'influence des pluies ou des rosées qui tombent perpendiculairement et sont arrêtées par les rameaux supérieurs. Il est donc essentiel de donner à ces arbres la forme d'une pyramide, cette forme étant beaucoup plus en rapport avec celle qui leur est naturelle. On sent que pour l'obtenir il est urgent d'avoir des branches latérales vigoureuses dans toute la longueur de la tige, et que leur vigueur soit égale ; mais ce n'est qu'à l'aide de principes sagement raisonnés que l'on peut atteindre ce but.

Il faut retrancher toutes les branches et rameaux latéraux de la partie supérieure, aussi près qu'il est possible de leur insertion sur la tige, en conservant seulement à quelques-unes la partie qui les y attache, que nous appelons la *couronne* des branches ; afin que de cette partie il puisse se développer quelques yeux cachés qui donneront naissance à des bourgeons dont les soins du pincement et de l'ébourgeonnage doivent déterminer la quantité, la position et la vigueur.

Indépendamment des branches et rameaux dont je viens de recommander la suppression, le rameau qui se trouve à l'extrémité de cette pyramide, et qui est chargé de la prolonger, doit être taillé très court. Toutes ces opérations ont pour but de retenir la sève dans la partie inférieure, et de déterminer les faibles productions qui s'y rencontrent à se développer en rameaux à bois, ce qui aura lieu si elles n'ont pas éprouvé d'avarie par l'arrachage et le transport ; enfin, on taille tous les rameaux qui sont destinés à former sans confusion les branches latérales, de manière à ce qu'ils présentent dans leur ensemble la forme d'un cône très aigu. Ce moyen suffit, comme je viens de le dire, pour ces sortes d'arbres ; mais s'ils sont dépouillés d'yeux et de dards dans les deux premiers tiers de leur longueur, et que toute la sève soit portée dans la partie supérieure, ces opérations doivent encore être plus sévères, et l'on se trouve même souvent contraint de réformer une partie de la tige pour faire croître des bourgeons propres à former les branches latérales. Le reste des opérations étant tout-à-fait du ressort de la taille, nous y renvoyons nos lecteurs. Voilà ce que j'avais à dire sur le moyen de répartir la sève dans les quenouilles venues des pépinières.

Dans des arbres plus avancés en âge, il arrive souvent aussi qu'une des parties pousse avec beaucoup plus de vigueur que l'autre ; si nous supposons donc que ce soit la partie inférieure, et que l'on veuille en arrêter la vigueur on aura soin de tailler très court en supprimant la presque totalité des rameaux à bois, et quelquefois en rapprochant, pour diminuer la longueur des branches et leur laisser attirer moins de sève ; le peu de longueur qui leur

reste doit, autant que possible, être chargé de branches à fruits, ou de rameaux disposés à s'y mettre.

Les gens peu familiarisés avec l'étude des végétaux
pourront s'étonner de voir en même temps supprimer des rameaux à bois et conserver soigneusement
des rameaux à fruits ; mais ceci ne paraît pas con-
tradictoire lorsqu'on sait que les rameaux à fruits sont
les seuls *épuisans* ; qu'ainsi, en les laissant, on fatigue
l'arbre, tandis que les rameaux à bois servant à son
développement, moins il y en a, moins l'arbre vé-
gète bien. Ces deux opérations, quoique contraires,
ont donc le même résultat, celui de *charger*, c'est-à-
dire fatiguer les branches auxquelles on les applique.
La partie faible de cette pyramide, dans laquelle la
sève circule difficilement, doit être *déchargée* de branches à fruits, et munie de rameaux à bois, auxquels
on donne beaucoup d'extension et dont on peut
même laisser quelques-uns *entiers* afin qu'ils attirent
davantage de sève à leur profit ; on a aussi l'attention
d'inciser les écorces des parties faibles, afin de lui
donner un libre cours, et l'on va quelquefois jusqu'à faire des entailles plus ou moins profondes sur
la tige, et au-dessus de ces branches, afin de leur faire
prendre plus de développement qu'elles n'en auraient
pris sans cela. Pour les branches fortes, ces entailles
se pratiquent à l'insertion même de la branche, ou
au-dessous. Dans le premier cas, on arrête la sève
au-dessus de la branche afin qu'elle se l'approprie ;
dans le second, on l'arrête au-dessous, afin qu'elle
n'y puisse pas parvenir.

Ces deux moyens ne s'emploient guère que sur des

arbres préalablement mal dirigés , mais le succès en
est presque assuré.

IIe Section. — *Conditions nécessaires à la perfection des
arbres à fruits à noyau taillés en éventail.*

§ I. Influence du sol et du climat sur la végétation.

Quelques cultivateurs prétendent à tort qu'il faut
retrancher ou tailler très court les rameaux à bois ,
afin que la sève qu'ils absorberaient passe au profit des
rameaux à fruits , qu'il faut tailler très long ; mais ce
procédé , quoique mis en usage chez beaucoup d'excellens cultivateurs , doit plutôt être regardé comme
une exception que comme une règle : en effet, dans
des localités favorisées et des terres dont la nature
convient parfaitement à ces arbres , on le voit souvent réussir. Je prends en exemple mon père , dont
les arbres faisaient l'admiration de beaucoup d'amateurs , et qui cependant l'employait constamment ;
moi-même je l'ai souvent pratiqué dans de semblables
localités et toujours avec le même succès ; mais accident n'est point loi , et des expériences positives
m'ont convaincu que dans des sols arides et brûlans ,
de semblables opérations ne pouvaient être que préju-
diciables à la santé des arbres.

Dans ces terres, la végétation est très active et
souvent impétueuse ; si donc on a supprimé la plus
grande partie des rameaux à bois , ou si on les a taillés
très court, comme il a été dit , la sève n'a plus d'issue
que dans les rameaux à fruits dont les vaisseaux ne

sont propres qu'à en recevoir une petite quantité ; dès lors il y a surabondance de sève qui souvent se coagule sous les écorces, les déchire et occasionne la gomme qui est un des plus grands fléaux que ces arbres aient à redouter.

Il est donc de la plus haute importance pour les cultivateurs de consulter avec attention la nature du sol qu'ils doivent exploiter , en ayant la plus grande attention à ce que les opérations soient moins rigides sur des terres brûlantes que sur celles de nature fraîche où les écorces des arbres que l'on y fait croître se conservent beaucoup plus souples, et propres à se dilater dans le cas où la sève les y forcerait.

Caractères accidentels des rameaux. Parmi les rameaux on trouve souvent des caractères particuliers qui sont dus à la nature des terres dans lesquelles ils croissent.

Dans les terres profondes, légères et brûlantes , dont nous avons parlé plus haut , ils ne ressemblent pour ainsi dire pas à ceux des arbres qui croissent dans des terres de bonne nature , un peu fortes et convenablement humides ; dans celles-ci le soleil pénétrant plus difficilement, la végétation est plus tardive et les faux rameaux sont beaucoup moins nombreux que sur des rameaux de même nature dans les sols arides.

A l'influence pour le nombre vient encore se rattacher l'avantage de la position ; dans les bons terrains ils sont presque toujours à l'extrémité des bour-

geons[1]. Ce fait mérite quelques détails pour être bien
compris et me forcera à faire une petite digression.
Quelques auteurs, sans doute plus théoriciens que
praticiens, ont prétendu qu'en règle générale la chaleur atmosphérique était le seul moteur de la végétation. Je ne puis accorder à cet agent une influence
aussi considérable[2]. C'est en prenant ces deux faits
pour base, que je vais tâcher d'expliquer le développement des faux bourgeons dans des positions différentes. Ainsi j'admets comme moteur, si ce n'est
unique au moins principal de la végétation, la chaleur quelle qu'elle soit, mais j'accorde à la terre la
même propriété, celle de mettre la sève en mouvement lorsqu'elle est suffisamment échauffée; toutefois, je reconnais que sans le concours de la chaleur
terrestre et atmosphérique, il n'y aurait pas développement des parties, mais cependant la sève pourrait être en mouvement. Lorsque ces deux forces
agissent simultanément, la végétation est active et
la croissance rapide, pourvu que l'humidité soit dans
des proportions convenables, ce qui a ordinairement
lieu au printemps. Mais il est des cas où l'une d'elles

(1) Je dis presque toujours, parce que des accidens météoriques,
la piqûre d'un insecte, etc., suffisent pour faire développer des *faux
bourgeons* à la base *des bourgeons*, même dans un très bon sol.

(2) Ce que j'avance ici est parfaitement connu par tous les cultivateurs, et surtout les jardiniers, qui depuis un temps immémorial
ont senti la nécessité des couches de chaleur même à l'air libre. Maintenant on les emploie même dans les serres, où cependant des four-
neaux soutiennent la température au degré nécessaire. Or, si la chaleur aérienne suffisait, celle des couches serait donc inutile?

domine ; or , ces cas sont de deux sortes et leurs effets
sont essentiellement différens, selon que c'est l'une
ou l'autre qui les a produits. Dans les terres froides,
c'est-à-dire celles que nous appelons de bonne nature,
où l'alumine domine un peu et qui, par cette raison, re-
tiennent toujours une certaine quantité d'humidité et
s'échauffent difficilement, la chaleur atmosphérique
agit presque seule ; mais son action n'étant pas suffisamment secondée par la terre qui n'est que peu
échauffée, la végétation est très lente, et pendant long-
temps il monte à peine la quantité de sève nécessaire au
développ ment des bourgeons. Il est vrai qu'à la
longue cette terre s'échauffe ; mais l'humidité qu'elle
contient facilitant l'élaboration de la sève, celle-ci est
rarement en inaction et n'a pas ces mouvemens subits et impétueux que je ferai remarquer à l'égard
des terres légères ; or , ce sont ces mouvemens brus-
ques , qui concourent le plus puissamment au développement des faux bourgeons. Il arrive cependant
aussi une époque où ces trois agens réunis, l'humidité , l'air et la terre agissent avec tant de force que
les bourgeons ne peuvent plus employer à leur seul
développement la sève qui leur est envoyée , et c'est
alors qu'il se forme des faux bourgeons ; mais comme
à cette époque, qui est très tardive , les bourgeons ont
acquis une grande partie de leur croissance , il n'y
a de faux bourgeons qu'à l'extrémité et ils y sont peu
nombreux ; cette circonstance est la plus avantageuse,
pour l'application de la taille. Je vais maintenant indiquer les circonstances désavantageuses qui pour
l'ordinaire ont lieu sur les sols légers et brûlan-

où le sable domine. Ces terres s'échauffent promptement et considérablement au printemps, et aux premiers jours de chaleur un peu douce, la sève se met en mouvement et les bourgeons se développent ; mais comme les variations de température sont très fréquentes à cette époque, des refroidissemens subits de l'atmosphère l'empêchant d'arriver aux parties herbacées, et la terre, qui est échauffée, en envoyant toujours, elle parcourt les parties ligneuses sur lesquelles l'air a moins d'influence, et elle s'arrête à leur sommet, où elle s'amasse comme dans un réservoir en attendant qu'une élévation de température lui permette d'en sortir. Quelquefois cette circonstance est long-temps attendue, et il y a une grande quantité de sève amassée lorsqu'elle se présente ; alors, son mouvement impétueux et simultané, autant que sa quantité surabondante, fait développer des faux bourgeons qui, comme on le voit, sont à la base des bourgeons. Telle est la première cause de leur développement dans ces sortes de terres ; mais ce n'est pas la seule. Lorsque l'air au milieu de l'été est extrèmement chaud et que l'atmosphère est privé d'humidité, le développement cesse encore, et la sève monte toujours, quoiqu'en moindre quantité ; mais aussitôt que cette humidité reparaît, la végétation recommence, (c'est ce que les cultivateurs nomment la sève d'août, la seconde sève, etc.) et les faux bourgeons se développent encore ; il en est de même pour toutes les alternatives de pluie et de beau temps. Telle est mon opinion sur la formation des faux bourgeons ; et bien que je sois certain que

la plupart des cultivateurs et des savans la partagent et connaissent ces faits, le nombre de ceux
qui sont de l'avis contraire me paraît assez considérable pour que j'aie cru nécessaire d'exposer
d'une manière détaillée et aussi précise qu'il m'a été
possible tous les faits qui pouvaient servir à éclair-
cir mes idées et appuyer mon opinion.

De toutes les conditions que je regarde comme nécessaires, celles qui dépendent de la nature du sol
ne peuvent être reproduites au gré du cultivateur ;
et lorsqu'on est assez heureux pour posséder un terrain qui les renferme toutes, on doit regarder comme
très possible d'obtenir, en taillant bien, des arbres
qui aient une forme aussi régulière que celui que
j'ai figuré *pl.* 3.

Mais comme la régularité de cet arbre pourrait paraître extraordinaire, je crois utile de répéter que
si dans les sols brûlans et impropres, dont j'ai parlé
plus haut, on ne peut se promettre d'arriver à cette
perfection, on peut au moins y parvenir dans les terres
privilégiées que j'ai également signalées ci-dessus,
surtout si elles sont placées dans un lieu où l'air circule librement, et avec de bonnes murailles crépies
en plâtre, bien chaperonnées, et exposées au midi ou
au sud-est pour le mieux. Ces circonstances, quoiqu'a-
gissant ici d'une manière prononcée, seraient nulles
ou presque nulles dans les terres brûlantes où la végétation ne se soutient qu'un instant ; mais cette
forme étant celle que l'on doit le plus chercher à
obtenir, j'ai cru utile de la présenter avec une partie
des modifications heureuses que l'on peut éprouver

Cet arbre nous offre des résultats de la sixième
taille et un exemple de la septième. Je n'en ai dessiné qu'une aile pour éviter toute répétition inutile ainsi que des frais de gravure ; au reste , l'analo-
gie devant être parfaite entre les deux côtés , il m'a
semblé que l'on en aurait une idée assez exacte par
l'inspection de cette figure. Je ferai également observer que cet arbre est palissé sur une muraille qui a
dix pieds d'élévation sous chaperon , hauteur vrai-
ment convenable à la culture du pêcher et sans laquelle on nuirait à la santé et au développement des
arbres. Il serait même très avantageux de pouvoir les
élever davantage ; mais au cas où l'on ne pourrait pas
le faire , il faudrait avoir bien soin de prendre dix
pieds pour *minimum* , quoique dans beaucoup de jardins on en trouve de neuf pieds et quelquefois moins.
Cette hauteur a le grave inconvénient de nécessiter
l'abaissement des mères-branches au-dessous de l'angle de quarante-cinq degrés pour l'aile droite , que
je prendrai pour type dorénavant , en me contentant de dire ici une fois pour toutes que l'aile gauche devant lui être parallèle , mais en sens inverse,
formera nécessairement un angle , dont l'ouverture
sera de cent trente-cinq degrés. Il est facile de concevoir que quand les branches-mères sont plus rapprochées de terre , il est difficile d'établir de bonnes
branches secondaires inférieures , tandis que l'on est
presque forcé d'en laisser croître de supérieures par
le nombre et la force des rameaux qui se développent
sur cette partie et que l'on ne pourrait supprimer sans
craindre des extravasations considérables de sève.

qui occasionneraient infailliblement la gomme. Ces
faits d'ailleurs devant être traités avec plus de détail,
en parlant de la taille, j'y renvoie le lecteur; mais,
avant de traiter cette matière je donnerai quelques
notions sur la marche progressive qu'il faut employer
pour faire arriver les mères-branches à l'angle où
elles se trouvent dans ce moment.

§ II. Des chaperons.

Pour le centre et le nord de la France et tous les
pays froids, si les chaperons ne sont point indispensables, ils ont au moins une utilité manifeste. La plupart
des bons cultivateurs de pêchers en ont senti l'importance, et déjà ceux de Montreuil, de Bagnolet, etc. les
emploient avec succès; mais, comme toutes les inven-
tions nouvelles, celle des chaperons n'étant pas encore perfectionnée, j'ai cru devoir entrer dans quelques détails sur leur forme et leur largeur; l'importance
du sujet et le peu de raisonnement que l'on a mis jusqu'à
présent dans leur exécution semblent le nécessiter.

Les avantages que présentent les chaperons, sont:
1° de préserver les arbres de la gelée, en en écar-
tant l'humidité surabondante occasionnée par des
pluies, des brouillards, etc. qui séjourne auprès des
yeux et boutons, s'y congèle et les fait avorter; 2° de
prévenir le déchirement des écorces qui a lieu par le
retrait, que le froid, occasionné par cette eau gelée,
leur fait éprouver. Cet inconvénient que l'on n'a-
perçoit qu'à peine lorsqu'un printemps et un été sec
viennent cautériser les plaies, à l'ascension de la
sève, offre les symptômes les plus alarmans et

souvent suivis de maladies graves et quelquefois incurables. Lorsque l'humidité continue à être abondante à cette époque, la sève s'altère, les écorces se corrodent, et malheur aux arbres qui sont en cet état ; les cultivateurs disent qu'ils ont *un vice dans la sève*, et c'est véritablement une espèce de gangrène dont les progrès sont aussi rapides que dans le règne animal et les résultats absolument semblables ; 3° de retenir la sève au centre des individus et de les faire croître plus régulièrement. On sait généralement que c'est par l'influence des rayons solaires que les feuilles décomposent les fluides répandus dans l'atmosphère pour s'en approprier le carbone ; on sait également que cette absorption contribue puissamment au développement des bourgeons ; si donc, on empêche certaines parties de l'opérer, leur végétation doit être plus faible, comparativement à celles qui en ont la liberté ; d'un autre côté, les plantes cherchent la lumière, et les parties qui en sont privées croissent moins vigoureusement que les autres. Telle est la théorie et l'avantage des chaperons par rapport aux extrémités qui, comme on le sait, végètent ordinairement avec beaucoup plus de vigueur que les parties centrales et inférieures de l'arbre, et qui par leur moyen n'ont plus cet inconvénient ; 4° enfin, l'abondance des produits et la beauté de l'arbre, qui résultent nécessairement des avantages que je viens d'énoncer.

Une utilité aussi véritable ne pouvait manquer d'appréciateurs, mais malheureusement une espèce de routine vint bientôt s'emparer d'eux, et satis-

faits des résultats qu'ils en obtenaient ils ne cher
chèrent pas à les perfectionner ; ainsi sans égard pour
la hauteur des murs non plus que pour leur exposition , on les construisit à Montreuil uniformément
et régulièrement de quatre pouces de largeur (environ $0^m - 11$) et l'on ne tarda pas à proclamer cet
usage comme une règle invariable ; je suis loin de
partager cette opinion , je crois au contraire que l'on
ne peut rien établir de fixe à cet égard et que les meil-
leurs sont ceux dont la largeur est la mieux combinée avec *la hauteur et l'exposition des murs*. Mais
comme cette seule définition serait trop vague pour
fixer les idées , j'ai donné un tableau approximatif
à l'aide duquel on pourra atteindre ce but.

Exposition de l'est ou levant.

Pour des murs de 12 pieds — 7 pouces.
id. — de 11 pieds — 6
id. — de 10 pieds — 5
id. — de 9 pieds — 4

Exposition de l'ouest ou couchant.

Murs de 12 pieds — 9
id. de 11 pieds — 8
id. de 10 pieds — 7
id. de 9 pieds — 6

On remarquera que, toutes choses égales d'ailleurs,
je donne beaucoup plus de largeur aux chaperons
placés sur des murs à l'ouest que sur ceux exposés
à l'est , c'est parce que les pluies nous arrivant de

ce côté il faut des abris plus grands ; dans les pays où elles viendraient du côté opposé on ferait le contraire. J'ai également regardé comme inutile de donner les quatre expositions, parce qu'on expose très rarement des pêchers au nord et que l'on saura bien prendre une dimension moyenne entre ces deux extrêmes, selon que l'on se rapprochera davantage de l'une ou de l'autre.

Je termine ici ce que j'avais à dire sur les chaperons ; mais toutefois en en recommandant l'emploi à tous ceux qui voudront avoir de beaux pêchers. Je vais dire un mot, avant de passer aux opérations, de la couleur que l'on doit donner aux murailles, et je ferai tous mes efforts pour en faire sentir l'importance.

§ III. Des murs.

De leur couleur et de leur entretien. Le blanc pur et brillant du plâtre nouvellement employé est la couleur la plus favorable à la végétation du pêcher. Les habitans de Montreuil font souvent recrépir leurs murs pour boucher les trous que les clous y font chaque année et qui servent d'asile à des myriades d'insectes qui s'y réfugient dans la mauvaise saison ; mais un des plus grands avantages qu'ils en retirent et dont quelques-uns se doutent à peine, est la couleur blanche qu'ils y entretiennent et qui, comme nous allons le voir, est aussi nuisible aux insectes qu'utile aux végétaux. Des expériences positives et multipliées ont prouvé que les surfaces brillantes réfléchissaient davantage et absorbaient moins la chaleur que les

surfaces ternes ; il a également été démontré que cette
loi d'absorption et de réflexion était en raison directe
de l'intensité de la couleur ; ainsi une surface blanche
et polie, par exemple, absorbera cent rayons de ca-
lorique dont elle émettra quatre-vingts, tandis qu'une
autre de couleur noire et terne en absorbera deux
cents et n'en réfléchira que cent ; on conçoit que
celle-ci ayant conservé cent rayons contre l'autre
vingt doit être beaucoup plus échauffée ; or, il s'agit
maintenant d'examiner comment chacune de ces
deux circonstances peut être utile ou nuisible aux
arbres.

1° Les insectes sont ordinairement de couleur
brune et ils se logent de préférence dans cette couleur pour se dérober aux regards ; 2° ils aiment la
chaleur et la cherchent ; 3° leurs œufs en ont besoin
pour éclore et par cette raison réussissent bien mieux
sur du noir que sur du blanc ; il est donc évident
qu'il doit y avoir beaucoup plus d'insectes sur des
murailles de couleur brune que sur les blanches.
Il restait à savoir quel était leur effet sur la végétation et les expériences du savant professeur Thouin,
que je ne me permettrai pas de détailler, ont prouvé
d'une manière incontestable que le blanc était la
seule couleur qui convînt aux pêchers et que la chaleur excessive des murailles noires ne pouvait que
leur être nuisible.

Telles sont les connaissances théoriques utiles aux
praticiens, je vais maintenant en faire l'application
aux diverses opérations qui font l'objet de la seconde
partie.

DEUXIÈME PARTIE.

CONNAISSANCES PRATIQUES.

CHAPITRE PREMIER.

OPÉRATIONS PRÉPARATOIRES.

§ I. De l'Éborgnage.

D'après l'ordre que j'ai suivi dans la première partie, c'est ici que j'aurais dû démontrer cette opération ; mais comme elle se fait au moment même de la taille, je n'ai pas cru devoir l'en séparer, et j'y renvoie le lecteur.

§ II. Du pincement.

Du pincement sur les arbres à fruits à noyaux taillés en éventail. Le pincement est une opération estivale qui a pour but de modérer la vigueur des bourgeons trop forts, d'en arrêter le développement et de faire prospérer ceux qu'une circonstance quelconque aurait fait pousser faiblement et dont on aurait besoin ; elle consiste à supprimer l'extrémité herbacée, seulement, des bourgeons trop forts. Il est important de ne pas la confondre avec les autres opérations d'été que je décrirai à la suite.

Tous les bourgeons nécessaires à l'organisation des arbres, mais dont le trop grand développement pourrait être nuisible, doivent être pincés sans égard pour leur position, leur longueur et leur nature ; mais pour le succès complet d'une grande partie d'entre eux il faut opérer lorsqu'ils ont de trois à six pouces de longueur environ, et qu'aucune de leurs parties n'est encore ligneuse. A cette époque on coupera avec les ongles du pouce et de l'index la partie du bourgeon que l'on veut supprimer, en ne conservant qu'un pouce ou un pouce et demi de longueur de l'aisselle du bourgeon jusqu'à la section ; si l'on tardait davantage et qu'il ait pris à sa base une consistance ligneuse, il serait nécessaire de couper plus court ; et, malgré cette précaution, l'opération serait beaucoup moins fructueuse que si elle avait été faite à temps [1].

On devra épier les résultats de cette opération, afin que s'il venait à se former quelques nouveaux bourgeons trop vigoureux on pût les opérer de même ; et il est fort rare que l'on soit obligé de recommencer une troisième fois.

Ces opérations donneront, lors de la taille, l'avantage d'avoir beaucoup de petits rameaux à fruits du premier et du second ordre. Voyez le résultat de ces opérations, *pl.* 3 , n°s 22 , 23 , etc.

Il est aussi beaucoup de bourgeons moins vigoureux que ceux dont je viens de parler, que l'on laisse entiers jusqu'à ce qu'ils aient quinze ou vingt pouces de longueur environ et qui, à cette époque, devront être pincés afin de diminuer leur vigueur

---

(1) L'on ne peut fixer l'époque où l'on doit faire cette opération, puisqu'elle est relative à la végétation des bourgeons, qui est elle-même très variable.

et de faire passer la sève au profit des yeux qu'ils portent; mais il faut prendre garde de ne pas les faire développer en faux bourgeons, et pour éviter cet inconvénient on doit pincer seulement la partie de leur extrémité qui est encore herbacée.

C'est plus particulièrement sur les parties supérieures que le pincement peut être employé avec avantage; il l'est plus rarement sur les parties inférieures; cependant on l'y opère quelquefois, mais c'est pour une autre cause, que je vais indiquer.

Quand les branches à fruits placées sur les coursonnes de la partie inférieure donnent des bourgeons peu propres au développement de ces dernières ou nuisibles à ceux destinés au remplacement, on doit pincer ces bourgeons, mais avec moins de rigidité que ceux dont je viens de parler; il suffit de couper leur extrémité pour que la plus grande partie de leur sève les abandonne et passe dans ceux qui sont restés entiers; par ce moyen on évite la confusion dans les branches sans nuire à leur développement; la taille en vert et l'ébourgeonnage font le reste.

Du pincement des faux bourgeons. La plus grande partie d'entre eux doivent être pincés, lorsqu'ils ont de deux à six pouces de longueur, un peu au-dessus des deux premières feuilles, qui, sur le plus grand nombre, sont ordinairement opposées. Cette opération concentre la sève dans la partie conservée, assure l'existence des yeux qui s'y rencontrent et leur fait quelquefois prendre un volume très considérable lorsqu'il ne se forme pas de rameaux à fruit du premier ordre. Si des occupations ou tout autre cause ne permettaient pas de faire ces opérations à temps et que les bourgeons aient acquis douze à quinze pouces au plus, on devra, lors de l'ébourgeonnage ou des divers palissages, réformer tous ceux qui seraient inutiles et qui pourraient former de la confusion [1]. Les autres seront pincés par leur extrémité seulement, à moins qu'ils ne soient destinés à un usage particulier, comme je vais l'indiquer.

Quoique ce soit une règle générale de pincer les faux bourgeons réservés, il est quelquefois prudent d'en conserver quelques-uns entiers, afin, d'une part, d'amuser la sève, et de l'autre de se procurer des ressources pour le remplacement des bourgeons principaux, dans le cas où tous leurs yeux auraient développé des faux bourgeons; car cette circonstance les rend souvent impropres à continuer les branches, fonction à laquelle ils ont été destinés primitivement, et l'on est fort heureux alors d'avoir eu la précaution de conserver quelques faux bourgeons pour y subvenir. Leur position n'est pas indifférente; elle doit être en raison du parti que l'on en veut tirer; s'ils sont destinés à remplacer le bourgeon principal, on doit choisir un des plus près de la base, des plus vigoureux et placé en avant du bourgeon auquel il appartient, sur lequel on le fixe au moyen d'une petite

---

(1) Ces faux bourgeons devront être coupés avec une serpette et non arrachés, comme on le fait trop généralement, en ce que cette opération détruit souvent la feuille qui est à leur base, ce qui est un inconvénient grave

bride , et que l'on protége pendant toute la montée
de la sève , afin qu'il puisse prendre du volume et
devenir propre au but proposé. Si , malgré ces précautions, il restait maigre et chétif, lors de la taille il
faudrait se servir du rameau principal quel qu'il fût ,
dans la crainte de donner à la sève une trop forte commotion. Quant aux faux bourgeons destinés à amuser la sève pour empêcher qu'il ne s'en développe
d'autres , ils doivent être de préférence en dessous :
cette position permet de les utiliser , si besoin est ,
lors de la taille , en cherchant à leur faire produire
une grande quantité de fruits.

Du pincement sur les abricotiers. Les règles de ce
pincement sont les mêmes que pour le pêcher. Les
branches coursonnes exigent seules des opérations
un peu différentes ; en effet , on doit seulement
pincer à environ deux pouces de leur naissance tous
les bourgeons développés par elles et qui paraîtraient disposés à prendre un accroissement plus
considérable que celui qui leur est nécessaire. On
voit combien ce pincement est moins assujétissant
que celui du pêcher. Celui du prunier est tout-à-fait
semblable.

*Du pincement sur les arbres à fruits à pepins taillés en
éventail.* Les règles de ce pincement sont les mêmes
que celles que nous venons d'étudier et les résultats
doivent en être identiques , c'est-à-dire que l'on doit
obtenir quelques petits rameaux à bois et un plus
grand nombre de brindilles et de dards , dont nous

avons vu l'importance lorsque j'ai indiqué l'emploi de chaque branche.

Il est de la plus grande nécessité de pincer les bourgeons, placés sur les branches à fruits, dès leur naissance. Sans cette opération, ils feraient développer beaucoup d'entre elles et pourraient les convertir en branches à bois, ce que l'on voit trop souvent arriver par la négligence ou le manque de temps des cultivateurs. Lorsque ces bourgeons ont pris le caractère de rameaux, on peut, à la vérité, les supprimer en les cassant à un pouce (tout au plus) de leur base, mais il vaut toujours mieux éviter cette opération, quand faire se peut.

Du pincement sur les arbres en pyramide. Ce pincement ne diffère en rien de celui que nous avons indiqué pour les arbres en éventail; c'est-à-dire que tous les bourgeons de trois à six pouces, dont on redoute le développement, doivent être pincés. Ils sont presque exclusivement placés vers l'extrémité de la branche qui doit continuer la flèche et celle des branches latérales.

Nous allons maintenant examiner chacune de ces branches en particulier.

La première qui doive fixer notre attention est celle qui doit continuer la flèche ou tige.

Avant de pincer aucun de ses bourgeons, il faut en examiner l'ensemble et voir si la sève y est bien répartie, ce qui arrive rarement, parce que, comme nous l'avons vu, elle se porte souvent vers l'extrémité aux dépens des parties inférieures. C'est donc au pincement à la répartir d'une manière uniforme.

Ceci examiné, si le bourgeon terminal n'a éprouvé aucune avarie jusque là, on le conserve intact pour continuer cette flèche. Si au contraire on le trouve incapable de remplir ce but, on choisit, parmi les bourgeons latéraux, celui qui y paraît le plus propre pour le conserver entier, et l'on a soin de pincer tous ceux de son voisinage, afin d'éviter les inconvéniens que l'on remarque *pl.* 5, *fig.* 9, aux lettres *A. B. C.* Ce pincement devra se faire d'autant plus près de leur naissance, qu'ils seront plus rapprochés de lui. (Voy. *pl.* 5, *fig.* 10.) Cette opération est encore plus importante lorsque ceux-ci semblent nuire aux bourgeons de la même série placés à la base de l'arbre, car il est surtout important de faire prendre de l'accroissement à ces derniers, qui pêchent presque toujours par le défaut contraire, et que par cette raison il faut conserver entiers autant que possible (Voyez *pl.* 5, *fig.* 10.) Si ces opérations ne leur font pas prendre le développement nécessaire, ce qui est rare, il faut pincer un peu l'extrémité du bourgeon terminal lui-même, et si dans le nombre de ceux préalablement pincés il s'en est développé de nouveaux, il faut les opérer une seconde fois avec autant de sévérité que la première.

Passons maintenant aux branches latérales. Lorsque quelques-unes prennent trop de développement, il faut non-seulement en pincer tous les bourgeons latéraux, mais même le terminal, et quelquefois le supprimer entièrement. Mais dans ce cas il sera prudent de pourvoir à son remplacement par un des bourgeons latéraux faibles, que l'on redressera par une petite bride de jonc ou tout autre corps flexible que l'on aura à sa disposition.

Pour les branches dont la végétation est modérée et ne domine pas trop celle des autres (ce qui doit former la majeure partie des arbres bien taillés), les opérations sont fort simples ; il suffit pour la plupart de pincer un ou deux des bourgeons latéraux placés en dessus de chacune et dans le voisinage du terminal, afin d'assurer son développement [1], et mettre à fruit beaucoup de ceux qui ont été pincés ; en effet, par ce moyen, à l'époque de la taille beaucoup portent un ou plusieurs petits dards. Voyez *pl.* 6 , lettres *B. C. D.* Cette opération assure donc le développement des bourgeons destinés au prolongement des branches, tandis que si elle était négligée, chacune de ces branches aurait pu devenir semblable à celle figurée A, *pl.* 6.

Dans cette forme de taille, il n'est pas nécessaire de pincer les branches à fruits.

Je termine ici l'article du pincement, et nous allons maintenant nous occuper des opérations d'été qui le suivent.

§ III. De la taille en vert.

Cette taille, qui est le contrôle de celle d'hiver, est connue de beaucoup de personnes sous le nom de taille de mai. Elle est spécialement appliquée aux

______

[1] Si sa mauvaise constitution était cet espoir, on préparerait de bonne heure un des bourgeons latéraux vigoureux pour le remplacer.

branches à fruits ; cependant nous verrons plus loin qu'elle ne doit pas non plus être négligée pour celles qui composent la charpente des arbres.

Lorsque les *branches à fruit*, ou propres à le devenir, placées sur les branches coursonnes n'ont pas réussi, c'est-à-dire, lorsque leurs fleurs n'ont pas noué, il est convenable de les rapprocher sur un ou deux bourgeons, les plus voisins de la coursonne, et quelquefois même sur cette dernière ; on a recours à ce moyen toutes les fois que la branche est dépourvue de bourgeons à sa base. Dans tous les cas, il sera bon de prendre en considération ce que je vais indiquer. 1º L'influence que les bourgeons peuvent exercer sur la végétation ; puisque, comme je l'ai dit, ce sont autant de pompes propres à attirer la sève ; 2º la position des branches sur lesquelles on opère, leur constitution, leur vigueur, et enfin, l'emploi qu'on en veut faire.

En général, les branches coursonnes inférieures doivent porter une assez grande quantité de bourgeons, et par conséquent de feuilles, pour qu'elles puissent prendre un grand développement ; et si les bourgeons placés à la base des branches à fruit ou sur ces coursonnes même étaient faibles, et que la sève parût les abandonner pour alimenter ceux de l'extrémité, comme il arrive très souvent, il serait prudent de pincer ces derniers, afin de mâter leur vigueur et faire passer la sève dans les bourgeons destinés au remplacement.

Quelques auteurs conseillent de rapprocher indistinctement toutes les branches coursonnes ; pour

moi je n'admets cette opération que sur une partie ;
car si l'on rapproche sur un ou deux bourgeons,
d'une constitution faible , dans l'espoir de les faire
développer, ceux-ci ne pourront attirer dans cette
partie une aussi grande quantité de sève que s'il en
était resté un plus grand nombre [1], et dès lors on
court risque de manquer son but. Pour arriver plus
sûrement à de bons résultats , je conseillerai de
différer au moins jusqu'à ce que la plus grande partie des bourgeons soient devenus rameaux ; cependant si, quand on visite ces branches , il se trouve
à leur base un ou deux bourgeons déjà bien développés et qui en assurent l'existence , on peut supprimer le reste de cette branche et l'on aura plus
de facilité pour placer les bourgeons réservés ; quant
aux branches qui auraient conservé leurs fruits , on
ne pourrait leur faire cette opération qu'après la
cueillette [2].

Lorsque ces branches sont placées en-dessus et
qu'elles ont une grande vigueur , comme il arrive
très souvent, à moins qu'elles ne soient destinées à
former une branche secondaire ou intermédiaire ,
cas où il faudrait les laisser entières [3] , il sera bon de

---

(1) Ceci n'est point une anomalie , c'est le même principe que
pour la taille d'hiver ; en effet, dans l'une et l'autre opérations , toute
branche à laquelle on laisse moins d'yeux prend peu de développement.

(2) Elle est même souvent différée jusqu'à la taille d'hiver; mais
ce n'est jamais sans inconvéniens.

(3) Il en est de même des branches inférieures dont je viens de
parler.

les rapprocher le plutôt possible sur un ou deux des
bourgeons placés à leur base en tâchant qu'ils soient
faibles ; et, s'il ne s'en trouvait que de trop vigoureux, il faudrait en pincer l'extrémité herbacée immédiatement après le rapprochement.

Tout ce que je viens de dire étant également applicable aux branches de la charpente , je ne le répéterai plus ; au reste lorsque ces branches ont
été bien taillées, la taille en vert leur est inutile , à
moins que la gomme ou quelque autre accident n'ait
avarié ou détruit les bourgeons destinés à leur prolongement ou à la création de quelque autre branche;
il faut alors rapprocher sur ceux qui paraîtraient les
plus propres à les remplacer.

§ IV. De l'ébourgeonnage.

De l'Ebourgeonnage des arbres à fruits à noyau.
Sur ces arbres l'ébourgeonnage est plus spécialement appliqué aux branches qui doivent former la
charpente ; car les branches coursonnes et à fruits,
qui, comme nous l'avons vu , ont reçu le pincement
et la taille en vert, n'ont pas le plus souvent besoin
d'être ébourgeonnées.

On nomme ébourgeonnage la suppression de tous
les bourgeons inutiles ou nuisibles; cette suppression a
pour but de donner à ceux que l'on réserve un espace suffisant pour que l'on puisse les palisser sans
confusion.

Pour bien ébourgeonner il faut se rappeler les
règles du pincement ; c'est-à-dire , que *les branches*

prendront un développement d'autant plus considérable qu'elles porteront un plus grand nombre de bourgeons ; puisque les bourgeons étant les organes de la végétation, la sève n'afflue dans les branches qu'autant qu'elles en sont plus chargées.

Quoique ce soit une règle générale de *retrancher tous les bourgeons placés devant et derrière*, il est cependant des cas où l'on est forcé de les utiliser pour remplacer ceux des côtés qui auraient été détruits par un accident quelconque. C'est toujours à ceux de derrière que l'on doit, dans ce cas, donner la préférence ; mais, à leur défaut, il vaudrait encore mieux en prendre un devant que de laisser un vide ; je crois cette méthode préférable à l'écussonnage, que d'excellens auteurs modernes ont recommandé, mais qui me paraît plus théorique que pratique. Les cultivateurs intelligens n'emploient jamais ce moyen pour obtenir les bourgeons qui leur sont nécessaires.

Une autre règle générale, qu'il ne faut pas non plus oublier, est de ne jamais laisser deux ou trois bourgeons partant du même point (ce que l'on voit toutes les fois que des yeux doubles ou triples se sont tous développés à bois); il faut toutefois bien examiner auquel appartient la préférence, et voici, généralement parlant, quel doit être ce choix : *si ces bourgeons sont en dessus*, ce doit être *le plus faible ;* et si, au contraire, *ils sont en dessous*, ce doit être *le plus fort.* C'est surtout pour ces derniers qu'il est important d'opérer à temps : trop tôt, la clocque et les insectes qui sont très communs à cette époque, pourraient détruire le bourgeon réservé et faire regretter la suppression des deux autres. Ceci peut également arriver à un bourgeon placé dessus ; mais sur cette partie sa faiblesse ne peut qu'être utile aux progrès des arbres. Ce principe devra être observé dans un sens opposé pour les bourgeons placés en dessous ; et comme on n'obtient de belle végétation dans cette partie qu'avec de très grandes précautions, l'ébourgeonnage devra aussi être plus sagement combiné ; si les bourgeons doubles et triples y sont ébourgeonnés trop tard , la sève ayant été employée pendant trop long-temps à la nutrition de ceux qui doivent être réformés , il ne lui reste plus assez de force pour développer le bourgeon réservé ; et de cet état de langueur ou de faible végétation, il résulte infailliblement quelque maladie. J'ai remarqué que, dans des situations assez heureuses, il vaut mieux se hâter un peu et courir les chances qui , si elles sont bonnes, rendront l'opération excellente.

Le moment le plus favorable à l'ébourgeonnement est l'approche d'un beau temps , parce qu'alors on ne craint pas l'humidité, dont l'action sur les plaies serait très nuisible à l'arbre ; d'un autre côté, la sève, qui est toujours plus abondante et plus active pendant les pluies d'été , ne manquerait pas de déchirer les écorces et de former de la gomme. Cependant, si l'on ébourgeonnait par un temps trop sec , surtout des arbres peu vigoureux et plantés dans un mauvais terrain , j'engagerai, comme le recommande M. le comte Lelieur, dans son excellent ouvrage sur la taille du pêcher et de la vigne , à mouiller les feuilles avec une pompe à main ; cette humidité momentanée ne peut qu'être favorable à la végétation.

La nature du terrain et des individus modifie tellement l'époque de l'ébourgeonnage, que l'on doit dire pour lui, comme pour toutes les opérations d'été, que c'est beaucoup moins le mois ou le jour qui doit servir de règle que l'état de la végétation. Or il ne faut pas conclure de ceci que quand les bourgeons d'un arbre auront acquis une longueur donnée, on doive les ébourgeonner ; il arrive souvent que sur deux individus plantés dans le même terrain, quelquefois même sur les branches d'un même arbre, il faut retrancher les bourgeons lorsqu'ils n'ont que quatre à six pouces, tandis que d'autres de deux pieds et plus de longueur sont à peine en état de l'être ; la vigueur des arbres et des branches, soit générale, soit relative, leur position, le terrain, l'exposition, et généralement toutes les causes qui influent directement ou indirectement sur la végétation, apportent des modifications plus ou moins essentielles à l'époque et au mode de l'ébourgeonnage. On ne saurait donc trop recommander l'étude si simple de ces causes et des lois de la végétation, non plus que se lasser de répéter tout ce qui y a rapport. Je vais tâcher de donner quelques exemples qui éclaircissent mon idée et en facilitent l'intelligence.

Quand les arbres sont peu vigoureux, chargés ou non de fruits, on doit retrancher les bourgeons lorsque les plus forts ont à peine acquis de quatre ou six pouces de long, afin de perdre le moins de sève possible ; car ces arbres en ont grand besoin, tant

pour la nourriture de leurs fruits, que pour la repro-
duction de rameaux un peu vigoureux pour l'année
suivante. Le peu de temps qu'ont ordinairement les
jardiniers à cette époque leur fait souvent négliger
cette opération, mais c'est toujours au détriment
des arbres, lorsqu'ils sont en cet état ; car, comme le
disent les physiologistes, les feuilles étant les poumons
des végétaux, la suppression d'un grand nombre sur
des individus où leur remplacement ne peut s'opérer
promptement, est toujours préjudiciable et occasionne souvent l'épuisement des individus [1].

Quand les arbres sont vigoureux, mais chargés de
fruits, l'ébourgeonnage doit être fait lorsque les plus
forts bourgeons ont douze à quinze pouces de long.
Il vaudrait peut être mieux qu'on le fît plus tôt, afin
de porter la sève au profit des fruits et éviter la confusion qui nuit à leur développement, leur ôte l'air
qui leur est nécessaire et occasionne souvent une
humidité surabondante qui attaque la base de beaucoup de bourgeons et en fait tomber les feuilles
avant leur époque naturelle : or puisque les feuilles
sont indispensables à la bonne constitution des yeux,
il est évident que ceux de cette partie sont impar-
faits et souvent annulés au moment de la taille, inconvénient d'autant plus grave, que c'est sur eux
que l'on doit compter pour la production des fruits
et de nouveaux bourgeons l'année suivante. Quand
les arbres sont plantés dans un terrain calcaire ou très
siliceux, enfin dans un terrain léger, susceptible de

______

(1) Plusieurs expériences ont prouvé que le nombre et la vigueur
des racines dépendaient de la quantité des feuilles.

s'échauffer beaucoup et rapidement au printemps, leur végétation trop active alors [1] et leur sève trop abondante occasionneraient la sortie d'une grande quantité de faux bourgeons et le déchirement des écorces à plusieurs places par où elle chercherait à s'échapper; or nous avons vu qu'il se formait presque toujours de la gomme sur les parties ainsi lacérées ; il est donc nécessaire , dans ce cas, malgré tous les inconvéniens que j'ai signalés tout à l'heure, de retarder un peu la suppression des bourgeons, et si, dans ces terrains, des arbres très vigoureux étaient privés de fruits , il ne faudrait retrancher les bourgeons que quand les plus forts auraient deux et trois pieds de long. Dans les sols frais ou même froids, la végétation plus soutenue et moins fougueuse permet d'opérer beaucoup plus tôt sans faire craindre ces inconvéniens.

De l'ébourgeonnage des arbres à fruits à pepins taillés en éventail. De même que pour les arbres à fruits à noyau , le plus grand talent de l'opérateur consiste à saisir le moment favorable. Comme on a sur ceux-ci beaucoup plus de facilité d'obtenir du bois, la plupart des cultivateurs , soit habitude ,

______

(1) Quelques physiciens regardent la dilatation de l'air comme le seul moteur de la végétation , et n'ont pas craint d'avancer, qu'à température égale, tous les individus d'une même espèce devaient entrer en végétation en même temps et pousser également , quel que soit le terrain où ils sont plantés. S'il est des praticiens qui croient à la première de ces hypothèses, il n'en est probablement pas qui ne regardent la seconde comme erronée.

soit manque de temps, le font beaucoup trop tard;
ils attendent pour cela que les bourgeons aient
tout-à-fait cessé de pousser; personne ne doit igno-
rer combien cette pratique est contraire aux bons
effets du pincement et à l'arbre lui-même. D'autres
encore, et c'est le plus grand nombre, négligent
tout-à-fait le pincement et ne font subir à leurs arbres
que l'opération dont je parle, et qu'ils appellent à
tort ébourgeonnage, puisque les bourgeons ayant
cessé de pousser, sont alors à l'état de rameaux et
souvent si gros que leur suppression fait faire des
plaies considérables sur la branche qui les portait.
Au moyen du pincement, au contraire, en avançant,
un peu l'époque de l'ébourgeonnage, on fait profiter
beaucoup les bourgeons utiles, et l'on n'a à retrancher
que ceux développés depuis le pincement; ils sont
presque toujours faibles et peu nombreux, et on
les casse à six ou neuf lignes de leur naissance au-
dessus de la rosette de feuilles qu'ils y ont ordinairement; s'ils sont assez forts pour ne pouvoir pas être
cassés, ils devront être coupés en ne leur laissant
qu'un peu de couronne, et s'ils sont à l'état de gourmands il est indispensable de les supprimer totalement et sans leur laisser de couronne.

Sur les arbres à fruits à pepins taillés en pyramide,
qui ont été pincés convenablement, l'ébourgeonnage
est fort peu de chose et souvent inutile. La forme de
ces arbres n'exigeant pas de soins aussi minutieux
que celle des espaliers, et les bourgeons nuisibles
ayant été pincés, leur faible végétation permettra de
les conserver sans danger, et à la taille ils auront,

pour la plupart, pris le caractère de dards ou de brindilles et quelquefois de petits rameaux.

Quelques praticiens ont coutume de faire supprimer indistinctement, par leurs ouvriers, lors de la prétendue stagnation de la sève, c'est-à-dire en juillet ou août, selon la température de l'année et la nature des terres, les deux tiers ou les trois quarts de la longueur des bourgeons de leurs pyramides pour leur donner, disent-ils, une forme plus régulière, leur faire produire beaucoup de fruits l'année suivante, et donner plus d'air à ceux qui sont sur l'arbre. Cette dangereuse opération, en faisant perdre à l'arbre une partie considérable de ses feuilles, arrête aussi les progrès de ses racines et souvent le fait périr vingt-cinq ou trente ans avant l'époque de sa fin naturelle ; elle peut cependant avoir une application utile, c'est quand des pyramides d'arbres à fruits à noyau se trouvent dans une terre substantielle où la végétation se soutient presque sans interruption tout l'été, et où les pertes sont promptement réparées. Là elle maintient plus long-temps les branches à fruits en santé ; mais il arrive toujours une époque où les arbres ne portent plus que des *rameaux et branches à fruits*, et c'est alors qu'elle est très nuisible [1].

(1) Quand des arbres à fruits à pepins, déjà d'un certain âge, sont très vigoureux et ne portent pas de fruits, on en coupe aussi les bourgeons de cette manière et toujours avec succès quand on peut bien saisir l'instant où la végétation est en repos et que le temps n'éprouve pas

§ V. Du palissage.

Le but du palissage est de maintenir les branches dans des positions telles, que ceux de leurs bourgeons qui doivent être conservés puissent, après l'ébourgeonnage, être placés sans confusion ; nous avons vu plus haut que cette opération est un des moyens les plus efficaces d'équilibrer la sève dans les diverses parties d'un arbre ; aussi un bon cultivateur ne le fait-il jamais que partiellement.

Quoique très importante, c'est une des opérations les plus faciles à bien faire ; choisir à chaque bourgeon la place véritable qu'il doit occuper, attacher très près ceux que l'on veut mâter, laisser toute aisance à ceux qui ont besoin de prendre de la vigueur, et ne pas mettre d'attaches fixes sur les parties encore trop herbacées, sont, à peu près, les seules règles que l'on en puisse donner. On palisse en tout temps et à toutes les opérations d'été comme d'hiver. Mais, je le répète, dans les palissages d'été il faut bien se garder de gêner trop subitement l'extrémité des bourgeons, autrement la sève, ne pouvant plus y circuler librement, ferait développer sur les parties ligneuses un grand nombre de faux bourgeons; c'est pourquoi l'on devra bien observer ces deux cas [1].

de variations, ce qui est très rare ; or, lorsqu'il survient des alternatives de pluie et de chaleur il se développe quantité d'yeux terminaux entourés d'une rosette de feuilles ; par cette fausse pratique, de tels yeux prennent à l'avenir le caractère de bouton.

(1) Pendant le palissage, on appliquera au besoin le pincement, l'ébourgeonnage et la taille en vert. C'est ainsi que ces différentes opérations se trouvent liées entre elles, et qu'on ne doit cesser de s'en occuper que lorsque la végétation est devenue peu sensible.

§ VI. Opérations d'hiver ou règles de la taille.

Chargement et déchargement. L'opération du *chargement*, généralement appliquée aux jeunes arbres très vigoureux, a pour but de les mettre à fruits, en diminuant leur vigueur, c'est-à-dire leur produit en bois.

Il y a deux manières de charger un arbre, qui diffèrent en apparence, mais qui ont le même but et les mêmes résultats. On charge en bois, en taillant très long tous les rameaux bons à conserver d'un arbre trop vigoureux, et qui ne donne que peu ou pas de fruits ; on obtient ainsi une quantité de bourgeons telle, qu'elle suffit pour recevoir toute la sève des racines, et que chacun d'eux prend moins de volume que s'il ne s'en était développé que moitié ou un quart. Le chargement est beaucoup plus sûr et moins dangereux pour faire produire des fruits à un arbre et en diminuer la vigueur, que le mode d'ébourgeonnage dont je viens de parler ; en effet, supprimer des bourgeons à un arbre lorsqu'il est en végétation, et que ceux-ci portent des feuilles, c'est lui ôter une partie de sa sève d'autant plus considérable que cette suppression est grande. Ceci prouve assez les mauvais effets d'un tel ébourgeonnage, même fait à temps, lorsque la sève est en repos et concentrée dans les racines et les parties très ligneuses. Au contraire, quelle que soit la suppression que l'on fasse des rameaux, on ne perd rien de cette sève, et elle passe toujours au profit de l'arbre où elle est retirée. Ainsi, en taillant très long tout un arbre, en multi-

plie les bourgeons en assez grande quantité pour
que, en ayant moins de force, ceux de la série des
fruits à noyau prennent le caractère de rameaux à
fruits, et ceux de la série des arbres à fruits à pepins
celui de brindille et de dards qui bientôt porteront
des fruits. Cela diminue insensiblement la vigueur
de l'arbre sans lui faire perdre une trop grande
quantité de sève par un ébourgeonnage mal entendu,
comme on le pratique dans beaucoup de jardins.

J'ai déjà dit que ce mode de chargement devait
s'employer sur des arbres entiers ; j'insisterai sur ce
dire pour en faire sentir toute l'importance. Quand
il s'agit de diminuer la vigueur générale de la totalité de l'arbre, le meilleur moyen à employer
étant la production du fruit, si l'arbre n'en porte
pas déjà un bon nombre, on en obtient en char-
geant de bois, c'est-à-dire en laissant à cet arbre
plus d'yeux que la sève n'en peut faire développer
en rameaux à bois ; mais s'il s'agit d'une vigueur relative, par exemple que, sur le même arbre, une
branche soit tellement plus vigoureuse que ses voisines, qu'il soit nécessaire de l'affaiblir, il faut bien se
garder de la charger de bois, *les yeux bien constitués
étant autant de pompes propres à attirer la sève*. On voit
qu'il faut, dans ce cas, supprimer autant que possible des yeux sur la partie que l'on veut affaiblir,
et les multiplier, au contraire, sur celle dont on
veut augmenter la vigueur. Ainsi l'on pourrait avec
raison appeler le chargement en bois chargement
général.

Quant au chargement partiel, c'est-à-dire à l'affaiblissement d'une branche par rapport à une autre dont on veut augmenter la vigueur, il consiste à y conserver soigneusement, selon la nature des arbres, un très grand nombre et quelquefois la totalité des boutons, branches et rameaux à fruits, en cherchant à multiplier davantage les deux derniers par les différens moyens que je décrirai en parlant de la taille. Les rameaux à bois, sur cette partie, devront être taillés aussi court que possible, afin qu'il s'y trouve peu d'yeux propres à attirer la sève.

Le *déchargement* a pour but l'augmentation de vigueur des arbres, c'est-à-dire la production du bois ; il consiste à retrancher d'un arbre ou d'une branche tous ou presque tous les fruits qu'ils portent. J'entends par fruits les branches ou rameaux à fruits.

Rapprochement. Rapprocher un arbre, c'est diminuer la longueur de ses *branches* dans des proportions en rapport avec sa vigueur ; on le dit également d'une branche en particulier, qui aurait subi la même opération. On le pratique assez généralement sur des arbres déjà fatigués par l'âge ou par des récoltes trop abondantes, mais pas assez pour que l'on soit obligé de les ravaler.

Ravalement. Le ravalement tient le milieu entre le rapprochement et le recepage ; aussi beaucoup de gens confondent-ils ces deux opérations. Celle-ci consiste à couper, dans les pyramides, toutes les branches et à ne laisser que la tige ; et, dans les espaliers, toutes les branches charpentières, ne conservant que les mères ; on l'entend quelquefois aussi dans un sens moins général, et l'on dit ravaler telle ou telle partie, lorsqu'on lui a seulement retranché quelques branches charpentières.

Recepage. Receper, c'est couper toutes les branches d'un arbre, sans en excepter la tige, un peu au-dessus du collet de la greffe. Cette opération se fait presque généralement sur de vieux arbres encore assez vigoureux pour reproduire des rameaux propres à en rétablir la charpente.

On recèpe également des arbres jeunes et vigoureux, aux quels on veut donner une forme plus régulière.

Il en est de même des arbres dont le bois est affecté de quelques maladies accidentelles ou naturelles.

Coupe et *onglet* ou *ergot.* La petite portion de bois qui reste au-dessus de l'œil sur lequel on taille a reçu le nom d'*onglet*, et la plaie celui de *coupe*.

La longueur de l'onglet doit varier en raison de la grosseur des rameaux ; s'ils sont de la grosseur d'un fort tuyau de plume, il doit avoir à peu près une ligne au-dessus de l'œil qu'il protège ; si le rameau est de la grosseur du doigt, l'onglet doit avoir deux lignes au moins. Si on augmentait cette longueur de beaucoup, on serait exposé à ce qu'il se desséchât, fît faire au bourgeon un coude, et devînt désagréable à l'œil au point qu'il fallût le supprimer à la taille suivante, si on avait oublié de le faire à l'ébourgeonnage, qui est le temps le plus favorable, en ce que, le bourgeon étant encore herbacé, il est plus facile de le redresser et d'effacer le coude déjà formé.

La coupe doit toujours être opposée à l'œil, c'est-à-dire que, s'il est en dehors, elle doit former, de dedans en dehors, un biseau peu allongé. (*Voy.* pl. I, fig. 9.)

Cassement. Le cassement s'effectue sur des rameaux faibles, mais trop longs pour former des branches à fruits ; il a pour but de faire produire, aux parties opérées, des rameaux plus faibles et propres à former des brindilles et des dards destinés à donner des fruits. J'ai déjà eu occasion d'en parler à l'ébourgeonnage.

Incision des écorces. Cette opération consiste à fendre les écorces, lorsqu'elles sont trop coriaces, et que leur tissu trop serré ne livre plus passage à la sève [1]. On incise également les branches et les tiges.

Il doit y avoir, entre chaque incision longitudi-

(1) Quelques physiologistes, et entre autres un cultivateur très distingué, ont parlé de l'incision des écorces comme d'un moyen propre à diminuer la vigueur des arbres ; ses raisons sont fondées sur la perte de sève qui se fait par les plaies ; sans doute en répétant l'opération tous les huit ou quinze jours au plus, on en viendrait à ce point ; mais outre que cela prendrait beaucoup trop de temps, les cultivateurs ont des moyens plus sûrs et plus profitables d'affaiblir leurs arbres en employant leur sève à produire des fruits, comme je l'ai indiqué plus haut.

naie, au moins trois ou quatre lignes de distance.

On recommande ordinairement de couper l'écorce seulement, et sans attaquer l'aubier; j'ai reconnu que cette précaution n'était de rigueur que pour les arbres à fruits à noyau, et non pour ceux à fruits à pepins.

M. Dumoutier, mon prédécesseur aux écoles du Jardin du Roi, fut le premier qui employa ce moyen pour diminuer et souvent faire disparaître la gomme. Quand c'est dans ce but que l'on fait des incisions, elles doivent fendre l'écorce jusqu'à l'aubier. Le succès qu'il en a obtenu à Trianon, sous les yeux de M. Lelieur, mérite certainement les éloges que ce savant en fait dans sa *Pomone française;* je crois cependant que l'on devrait autant l'attribuer à la manière dont les arbres ont été taillés qu'aux incisions longitudinales et en croix que l'auteur a pris la peine de décrire avec autant de précision que d'élégance. Néanmoins, on peut regarder comme un préjugé routinier l'opinion trop répandue que l'on ne peut inciser les écorces du pêcher; je puis recommander ce moyen avec d'autant plus d'assurance qu'il m'a toujours fourni les mêmes résultats qu'à mon confrère, à cette exception près, qu'au lieu d'inciser profondément et en croix, comme l'indique M. Lelieur, je les coupe jusqu'au vif sur la partie attaquée. Cette opération peut être faite en tous temps; mais sa véritable époque est à l'ascension de la sève.

Les incisions longitudinales que l'on fait par prévoyance, ou pour faciliter le passage de la sève dans une partie faible, doivent toujours être sur le côté de la branche opposé à celui que frappe le soleil, et peu profondes.

Nous verrons, en parlant de la taille en pyramide, les bons effets que l'on peut obtenir des incisions longitudinales faites par prévoyance.

Entailles. Cette opération consiste à pratiquer, avec la serpette ou la scie, deux incisions parallèles ou opposées, comme le représente la figure 9 planche 5, qui partent de la circonférence, et séparent l'aubier de manière à pouvoir l'enlever, soit carrément, soit en coin, comme dans la figure précitée[1].

Les entailles ont pour but de changer le cours naturel de la sève, et de la faire, ou passer dans des parties qu'elle aurait négligées, et alors on les fait au-dessus de ces parties, ou de l'empêcher d'arriver dans une autre ; pour cela on les fait au-dessous de la partie que l'on veut priver de sève.

J'ai souvent employé les entailles avec succès, et sur des arbres de tous genres ; cependant il faut, avant de le faire, être sûr que le rameau ou la branche dans laquelle on fait passer la sève, n'est pas assez maigre pour que ses écorces ne puissent prendre de développement sans se rompre ; car pour les arbres à fruits à noyau leur rupture occasionnerait de la gomme.

De telle manière et de tel sens que les entailles soient faites, elles doivent être régulières pour les arbres à fruits à noyau. Il est essentiel de les re

---

[1] Cette forme n'est pas de rigueur et souvent il suffit d'un trait de scie.

couvrir avec l'amalgame résineux dont je parlerai au cinquième exemple de la seconde taille du pêcher.

Éborgnage. On a beaucoup exagéré le mérite de cette opération, connue sous le nom d'ébourgeonnage à sec. A moins de réunir toutes les conditions favorables au pêcher, telles que bon terrain, murs, chaperons, etc., on ne doit l'employer que sur les rameaux à fruits taillés en toute perte. Quant aux rameaux qui doivent former la charpente, on a tellement à craindre que les intempéries ne fassent périr les yeux sur lesquels on aurait pu compter, que l'on ne doit éborgner que ceux qu'il serait tout-à-fait impossible d'utiliser.

Il n'en est pas de même des arbres à fruits à pepins, soit en pyramide, soit en espalier, et nous verrons par la suite combien il peut être avantageux de l'employer sur les branches de la charpente même.

Telles sont toutes les opérations et les règles qui, réunies, constituent, à proprement parler, la taille. Je vais maintenant en faire des applications diverses, selon chaque mode de taille, et je donnerai des exemples où je tâcherai de réunir le plus que je pourrai des accidens si nombreux qui peuvent embarrasser ceux qui ne connaissent que la théorie de cet art.

CHAPITRE II.

DES TAILLES MODERNES.

La taille, selon qu'elle est bien ou mal faite, peut être ou fort utile, ou très nuisible aux végétaux ; il en est résulté que beaucoup de savans, qui n'ont point fait cette différence, ont publié comme certain que « *cette opération contre nature est plus ou moins* « *nuisible aux végétaux, et que, bien faite, elle* « *n'est que peu dangereuse.* » Pour moi, je puis affirmer qu'il est plus convenable de dire : « *La taille* « *bien faite entretient les arbres en santé, en vigueur* « *et en rapport constant, et prolonge même souvent leur* « *existence.* » Je pourrais citer, à l'appui de cette opinion, des pêchers de soixante-et-dix ans qui sont encore en plein état de rapport et de santé, et qui seraient sans contredit morts ou bien malades depuis vingt-cinq ou trente ans, s'ils eussent été abandonnés à eux-mêmes ; je pourrais également montrer des poiriers bien taillés, que l'on a recepés à quatre-vingt-dix ans, et dont les rejets ont servi à reformer de nouvelles charpentes maintenant fort belles, etc.

De tous temps la taille semble avoir eu le même but : faire produire beaucoup de fruits, et donner aux arbres une forme agréable. Celle-ci varia selon le goût ou le besoin, et se perfectionna avec le temps ; probablement elle fut d'abord une imitation de la nature, c'est-à-dire des *plein-vent* ; de ceux-ci durent naître les *vases*, qui en sont une perfection. Peut-être aussi les quenouilles, qui ont fourni les pyramides, datent-elles d'une époque également reculée.

Quand les excursions guerrières ou marchandes eurent enrichi nos climats des précieux végétaux de l'Orient et autres pays plus chauds que les nôtres, le désir de s'approprier ces végétaux dut faire naître l'idée des abris ; de là les murs et les espaliers, qui, à la vérité, étaient autrefois bien différens de ce qu'ils sont aujourd'hui, mais qui ont pourtant dû leur servir de type.

La taille, telle qu'elle est maintenant, peut être considérée comme très perfectionnée et la meilleure à étudier ; c'est pourquoi j'ai divisé les tailles en deux parties, les tailles modernes et les tailles anciennes, afin que le lecteur, arrivant progressivement du mieux au plus mauvais, pût se former d'abord un jugement sain, et être à même d'apprécier l'un et l'autre, lorsqu'il étudiera les tailles anciennes, pour la plupart arbitraires et défectueuses, mais qui cependant offrent presque toutes quelque utilité, soit locale, soit de circonstance.

Ire SECTION. — *Tailles en éventail.*

§ I. Taille en éventail sur pêcher.

Pour former des arbres en éventail, on est dans l'usage de greffer les jeunes sujets en écusson avec un seul œil. Cet œil ne donne assez généralement qu'un bourgeon et rarement deux ; encore je regarde ce fait comme accidentel, ce qui me dispense d'en faire une règle particulière, parce qu'elle va rentrer dans la pratique que je vais développer.

Le savant A. Thouin conseillait avec raison de placer deux écussons opposés l'un à l'autre sur tous les sujets destinés à former des arbres en éventail ; c'est ainsi que je l'ai toujours pratiqué au Jardin du Roi sous les ordres de ce vénérable agriculteur. Ce procédé bifurque le tronc dès la première année, et procure les deux mères-branches, ce que, par l'ancienne coutume, on n'aurait obtenu que l'année suivante, à moins que deux bourgeons n'aient pris naissance sur le même écusson, ce qui est très rare, ainsi que je viens de le dire.

On est dans l'usage de tirer, des pépinières marchandes, les pêchers tout greffés ; il serait beaucoup plus avantageux de les élever chez soi, parce qu'ils seraient accoutumés au sol dans lequel ils doivent vivre. Cependant, tout préférable qu'il est, ce procédé n'est usité que dans les grandes exploitations.

L'arrachage des jeunes pêchers se fait depuis la fin d'octobre jusqu'au 15 de mars, pour le centre de la France. Pour être réputés bons, ils ne doivent être ni trop forts, ni trop faibles, ayant les écorces grises dans les deux premiers tiers de leur longueur, et le reste d'un rouge intense sans aucune altération. Ils devront aussi porter des yeux bien constitués près de la greffe, qui ne devra être que d'un an. Les pêchers qui ont deux années de greffe sont peu estimés ; cependant il s'en vend beaucoup ainsi ; mais les pé-

piniéristes ont sans doute le soin de les adresser aux
personnes qu'ils supposent ne s'y pas connaître. Il
est toutefois facile de ne pas y être trompé, parce
que ces arbres offrent deux plaies, l'une sur le sujet,
et l'autre un peu au-dessus de l'insertion de la greffe,
ce qui rend quelquefois son point de départ difficile
à reconnaître. En général, ces arbres sont très vigoureux, et leur beauté induit en erreur les personnes peu exercées ; mais leurs racines, qui sont
proportionnées à la vigueur des rameaux, ayant été,
pour l'ordinaire, mutilées et considérablement dimi-
nuées par l'arrachage, la reprise en est difficile.

Je n'entrerai dans les détails de la plantation de
ces arbres que pour combattre l'opinion de quelques
auteurs, qui prétendent que, lorsqu'on les plante, et
que l'on en rencontre qui ont des racines volumineuses d'un côté, il faut avoir la précaution de diriger
celles-ci vers le mur, afin de les empêcher de prendre
trop de développement, ce qui pourrait devenir funeste, la sève produite par ces racines agissant au profit
d'une seule partie. Cet effet peut avoir lieu pour les
arbres abandonnés à la seule nature ; mais il n'est pas
à craindre pour ceux confiés à des jardiniers habiles.
Considérant le tronc de l'arbre comme le canal central de la sève [1], ils sauront la distribuer également

(1) A cette occasion je citerai un fait fort remarquable, quoiqu'il ne
soit pas sans exemple. Un cultivateur possédait une haie sur le bord
de sa propriété. La partie extérieure, défendue par un fossé, laissait
de ce côté les racines de la haie exposées aux influences de la sécheresse qui les empêchait de croître. Les branches de ce même côté
étaient toujours restées libres sans jamais éprouver d'altérations par la

par les opérations dont j'ai parlé en traitant de
l'*Équilibre de la Végétation*. Je recommande, dans la
plantation de pareils arbres, de placer en avant la
plus grande quantité de racines, afin qu'elles puissent
s'étendre d'une manière plus uniforme, et de diriger
convenablement les deux yeux propres à donner
naissance aux deux mères-branches. Il n'est pas
moins essentiel que la plaie du sujet soit hors de l'action du soleil, et de planter les arbres à six pouces
de la muraille, en ayant soin de les incliner de manière à ce que le dernier tiers de leur tige y soit
appliqué.

J'ai cru inutile de détailler la manière de préparer
les terres, et d'indiquer l'espacement convenable ;
ces connaissances sont généralement répandues ;
cependant, comme beaucoup de gens font cultiver
sans être cultivateurs, j'ai cru devoir donner pour
eux un résumé succinct des conditions nécessaires
à toute bonne plantation (*Voyez l'article poirier*).
Au reste, je recommande de ne faire aucune sup-

---

voie de la tonsure ; aussi elles étaient très volumineuses. La partie supérieure de cette haie était tondue chaque année avec beaucoup de
régularité ; il en était de même sur le côté qui regardait l'habitation ;
là se trouvait un terrain plat bien amendé par la culture, aussi les racines y étaient-elles fortes et pleines de vigueur. Cette haie, qui
avait subsisté un grand nombre d'années, fut arrachée pour faire
place à une muraille ; ses débris offrirent un contraste tout-à-fait
étrange ; les racines les plus vigoureuses se trouvaient du côté où les
branches étaient les plus faibles, *et vice versâ*. J'en conclus que la
culture et la lumière sont les seules causes de pareils faits, ce qui
prouve la vérité de mon assertion . que le tronc d'un arbre est le canal
central de la circulation de la sève.

pression aux arbres que l'on plante en automne et en hiver ; on ne doit en faire qu'au printemps avant l'ascension de la sève, et encore faut-il consulter le besoin et les circonstances. Dans notre pays, les premiers jours de mars sont ordinairement favorables ; mais lorsque, ce qui arrive quelquefois, la végétation se met en mouvement dans le courant de février, on fait bien de différer l'opération de la taille, dans la crainte qu'il ne survienne des froids rigoureux. En général, la taille, en tous pays, devra commencer, pour les pêchers, après les derniers froids ; jusqu'alors les rameaux, les branches et la tige même servent à stimuler l'action des racines, ce qui aurait lieu plus lentement si l'on en supprimait quelques-uns. C'est d'ailleurs immédiatement après les derniers froids que la sève est encore refoulée dans les racines, et que la taille, faite alors, en détermine l'accroissement. Cependant, si l'on prévoyait ne pas pouvoir l'opérer à l'époque que je viens d'indiquer, il serait infiniment préférable de la pratiquer aussitôt après la plantation, que d'attendre que la sève fût montée, ce qui s'oppose à ce que ces arbres profitent autant.

Époque de la taille. — J'ai divisé l'époque de la taille en deux sections : celle qui s'effectue pendant l'hiver, et celle connue assez généralement sous la dénomination de *taille de mai ou en vert.* (*Voyez* le § 3 du chapitre Ier, page 57.)

Je ne répéterai pas ce qui a été dit sur l'époque de la taille d'hiver par plusieurs auteurs modernes :

je suis même en contradiction avec quelques-uns d'entre eux, car je ne vois pas de nécessité de terminer les opérations de la taille par les pommiers et poiriers, quand on peut s'occuper à la fois de tous ses arbres pendant les mois de janvier, février et mars, en commençant par les plus vieux et terminant par les plus jeunes. Si cependant, parmi ces derniers, il s'en trouvait de très vigoureux, et que l'on voulût les mettre à fruits plus promptement, on attendrait, pour les tailler, qu'ils commençassent à développer leurs yeux pour prendre le caractère de bourgeons de la longueur de quelques lignes, afin de maîtriser la vigueur de ces arbres.

L'époque la plus avantageuse pour les arbres à fruits à noyau est celle où ils commencent à végéter. Il est bon aussi d'admettre les conséquences que je viens de développer pour les arbres à fruits à pepins, afin que les plus vigoureux soient taillés lorsque leurs fleurs sont sur le point de s'épanouir, mais non plus avancées, comme cela se pratique trop souvent. Dans ce cas, l'opération est plus difficile, et occasionne la perte de beaucoup de fleurs parmi celles que l'on a réservées. Ce fait s'explique aisément, parce que ces fleurs ont souffert jusqu'au moment de la taille par l'affluence de la sève vers l'extrémité des rameaux; et lorsque cette affluence est suspendue par la taille, elles reçoivent une commotion trop vive et qui leur est souvent funeste. Cet exposé doit suffire pour faire connaître au cultivateur l'époque où il doit procéder à l'opération de la taille : ces principes sont applicables à toutes les espèces d'arbres fruitiers.

PREMIÈRE TAILLE.

Elle a pour but la création des deux mères-branches pour les arbres qui n'ont reçu qu'une greffe. Un arbre bien disposé n'en doit avoir que deux qui le partagent en deux parties égales.

La tige des jeunes arbres que l'on destine à cette forme devra être coupée à quatre ou six pouces au-dessus de la greffe, et sur deux yeux correspondans, disposés de manière à former l'aile gauche et l'aile droite. Ces yeux, en se développant, formeront deux bons bourgeons, que l'on palissera comme je l'ai indiqué, page 67 et suiv.

Pendant le développement de ces deux bourgeons, il n'est pas rare qu'il s'en forme d'autres sur la tige. Quelques cultivateurs recommandent de les conserver; je n'admets ce principe que dans les circonstances que je vais développer.

Si l'on n'avait pas apporté les soins nécessaires à la plantation, et que le sujet parût près de périr, il serait prudent de laisser tous les bourgeons naissans, afin qu'ils pussent activer le développement des racines par la transmission de la sève descendante; mais lorsque la reprise est assurée, on doit supprimer tous les bourgeons inutiles, en ayant toutefois la précaution d'en conserver deux, de chaque côté, afin que, si ceux que l'on destinait à former les deux mères-branches offraient quelque irrégularité, on pût rapprocher sur deux autres, en supprimant la partie de la tige qui alimentait les deux premiers.

En définitive, ces arbres ne doivent avoir que deux bourgeons égaux au mois de septembre ; et si, après cette époque, il survenait quelque accident à l'un d'eux, il faudrait aussitôt redresser, aussi perpendiculairement que possible, le seul bourgeon qui aurait résisté. A la taille suivante, ce bourgeon serait taillé de façon à ce qu'il ne lui restât qu'un ou deux pouces de longueur, afin de déterminer le développement de deux bons bourgeons que l'on conduirait comme je viens de le dire.

Je vais rappeler maintenant quelques-unes des observations que j'ai faites, relativement à l'arbre représenté *pl.* 3. Je le répète, cet arbre n'est point un produit de l'imagination, et sauf de très légères modifications, on peut en trouver de semblables dans les jardins privilégiés, et il est facile de s'en convaincre en suivant les détails que je vais donner sur sa formation.

D'abord il n'est pas de cultivateur un peu instruit dans la pratique, qui ne sache que lorsqu'il coupe un rameau assez vigoureux, l'œil sur lequel il taille pousse avec vigueur, sauf les accidens, et que celui qui lui succède, dans quelque sens qu'il se trouve placé, pousse à peu près dans les mêmes proportions, toutes choses égales d'ailleurs (voyez *planche VII, fig.* 1). Car si l'œil terminal est très volumineux, et que celui qui lui succède soit petit, il est certain que le premier poussera avec beaucoup plus de vigueur que l'autre. Dans ce cas, et surtout si l'on craint que cet œil terminal ne s'empare de trop de sève aux dépens du dernier dont le développement serait cependant utile, il faut faire la coupe assez près de l'œil terminal, pour qu'il s'en trouve un peu fatigué, qu'il n'ait plus les mêmes moyens d'accroissement, et que l'autre reprenne l'égalité de végétation qui lui manque.

Maintenant que nous savons que l'œil qui succède à l'œil terminal peut pousser avec autant de vigueur que lui, il ne sera pas difficile de concevoir que l'on peut obtenir des branches sous-mères, et secondaires inférieures partout où l'on veut. On peut même leur faire acquérir autant de vigueur et de régularité que celles que représente la *planche* 3. Je crois inutile d'appuyer sur l'importance de ces branches ; chacun doit reconnaître combien il est avantageux d'en avoir, tant pour garnir le bas des murailles que pour absorber une immense quantité de sève, qui serait obligée de passer dans les mères-branches ; ce supplément de vigueur les ferait bientôt pousser vers le haut du mur et nécessiterait leur trop grand abaissement. Or nous avons déjà vu que pour le plus grand succès des mères-branches, elles doivent avoir au moins l'angle de 45 degrés ; le peu de hauteur des murs et la nécessité de garnir leurs parties basses obligent, lorsque les branches secondaires inférieures manquent, à abaisser les branches-mères à l'angle de 25 dégrés, ce qui les rend presque horizontales : alors leur accroissement en longueur cède au développement des branches et rameaux de la partie supérieure ; ceux-ci sont d'autant plus vigoureux qu'elles sont peu inclinées et le parti le plus sage dans cette circonstance est de faire, de ces rameaux, des branches secondaires supérieures ; ce qui est facile en les taillant très long. Mais celles-ci atteignent bientôt à leur tour le haut du mur, ce qui oblige à les abaisser aussi, et ce qui ne se fait pas sans confusion et peine, et sans occasionner des ruptures et des amputations ; toutes choses également nuisibles aux arbres à fruits à noyau. Il n'est pas rare non plus de voir, dans cette circonstance, l'extrémité des branches-mères totalement épuisée, aussi bien que les rameaux ou branches qui garnissent cette partie ; il faut alors les rapprocher, et ces amputations et ce remplacement continuel, tout en compliquant les opérations, en rendent le succès beaucoup plus douteux. Il n'en est pas de même des procédés par lesquels on obtient d'abord des branches secondaires inférieures que leur position empêche de nuire à la mère-branche ; d'ailleurs un pincement un peu sévère opéré sur ces mêmes branches, peut au besoin ralentir leur développement. On parvient ainsi à former une charpente régulière et presque inamovible, qui rend les opérations plus faciles, et maintient la santé de l'arbre. Pour peu alors qu'on soit secondé par le terrain, il est facile de donner à ses arbres une forme aussi régulière que celle que j'ai représentée.

Maintenant que je crois avoir suffisamment démontré les avantages de ma méthode, je vais passer aux opérations suivantes.

DEUXIÈME TAILLE.

Cette seconde opération devrait être appelée la première taille, la précédente n'ayant pour objet que de séparer l'arbre en deux parties égales ; j'ai dit d'ailleurs que lorsque l'on pratique sur le même sujet deux greffes opposées l'une à l'autre, on obtient deux bourgeons qui forment de suite les deux mères-branches. Nous avons vu aussi que d'une seule greffe il sortait parfois deux bourgeons, qui donnaient le même résultat. Cependant comme cette méthode de greffer n'est pas encore assez répandue, et qu'elle ne le sera qu'avec le temps, je me suis résigné à figurer des arbres qui n'ont reçu qu'une seule greffe.

Les futures mères-branches, qui ne sont encore que des rameaux, doivent être taillées, la première année, à trois et quatre pouces de leur origine, comme on peut le voir *pl. I fig.* 1, de manière que l'œil terminal puisse les continuer sans former un coude trop marqué. (*Voy.* la *pl. I fig.* 2.) Les coudes seraient toujours désagréables et souvent nuisibles, s'ils étaient trop prononcés, en ce qu'ils sont presque toujours verticaux : dès lors les branches coursonnes supérieures qui se trouveraient sur ces parties, ou dans leur voisinage, étant sujettes à s'emporter, nuiraient aux branches de la charpente qui leur seraient opposées. C'est pourquoi j'aime assez prendre pour œil terminal un des yeux qui se trouvent placés devant, c'est-à-dire opposés à la muraille ; quand je ne peux pas avoir de ceux-ci, j'en choisis un qui regarde le mur. Mais c'est toujours malgré moi que je prends ce dernier parti, parce que la plaie se trouvant exposée à l'action des rayons solaires, occasionne des avaries. En pareil cas, on doit faire cette coupe beaucoup plus éloignée de l'œil que je ne l'ai indiqué, ce qui fera un onglet que l'on enlèvera lors de la taille en vert, époque ou le bourgeon sera bien développé. Dans cette seconde taille, il ne suffit pas seulement de s'occuper de l'œil terminal, mais encore de celui qui le suit. Il doit être placé inférieurement, de manière à donner naissance à la sous mère-branche. (Voyez *pl. I, fig.* 1, et ses résultats, *fig.* 2 et 3.) Il y a des cultivateurs qui, par une fausse pratique, taillent d'une manière opposée ou qui, pour mieux dire, mettent l'œil terminal en dessous. Il en résulte que l'œil qui suit immédiatement se trouve très fréquemment en dessus, et quelquefois devant ou derrière, de sorte qu'ils sont forcés de le supprimer à l'ébourgeonnage, pour ne pas altérer le bourgeon terminal qui se trouve moins favorablement placé. Par cette fausse opération, ils sont privés de sous mère branche, chose cependant fort importante.

Par les principes que je viens de poser, je laisse aux mères-branches la facilité de se développer, et je forme les sous mères-branches qui remplissent plus tard la fonction de garnir la partie inférieure des murs. Beaucoup de cultivateurs ne doivent des sous-mères qu'au hasard, parce qu'ils ne s'occupent, pendant la première année, que de la formation des mères-branches; ils réforment même les sous-mères qui s'y disposent naturellement. Ils allèguent pour raison qu'il ne faut pas former les membres avant le corps, assertion que je trouve contraire aux loix de la nature, qui forme tout à la fois. C'est d'elle qu'il faut prendre des leçons; nous devons l'aider de

tout notre pouvoir, et non la contrarier, comme on
le fait trop souvent.

Résultats de la seconde taille. Je présenterai pour
premier exemple, l'arbre représenté *pl. I, fig.* 2.
Cet arbre a donné des résultats aussi satisfaisans
qu'on pouvait le désirer. Ses quatre rameaux [1] ont
acquis la longueur de cinq pieds et demi à six
pieds. Cette longueur n'est pas rare sur des pêchers de cet âge, plantés dans un bon terrain et
à une exposition convenable. Ces rameaux sont
très propres à commencer la charpente. Les deux
supérieurs doivent continuer les mères-branches,
et les deux inférieurs les sous-mères. Chacun de ces
rameaux est marqué pour être taillé à trois pieds ou
environ. On doit en opérant chercher à obtenir non-
seulement le prolongement des mères et sous-mères,
mais encore la formation, sur chacune d'elles, d'une
première branche secondaire inférieure, comme l'indique la *pl. II.* On remarque sur la sous mère-branche de l'aile droite, le trait qui indique le point où
doit être faite la taille, et qui désigne un œil placé devant, position que je regarde comme la plus avantageuse. Cet œil est à peu près de même volume que
celui qui doit donner naissance à la branche secondaire inférieure. Je ne veux pas parler de celui qui
est placé près de l'œil terminal, en dessus, et par cette

______

(1) Ou plutôt branches, car après le développement de leurs yeux
ils en auront le nom. Je l'ai déjà donné aux branches-mères, et pour
éviter dorénavant une répétition inutile, on se rappellera que quand
je parlerai de tailler une branche, il sera question du rameau qui doit
la prolonger

raison on devra éborgner ou pincer très sévèrement le bourgeon qui en naîtra, lorsqu'on sera certain que les deux yeux combinés pourront bien se développer. Quant à la mère-branche de cette même aile, je ferai observer, au contraire, que les yeux sur lesquels on a taillé, sont dans une proportion inégale. 1° Parce que l'œil terminal combiné est en dessus, et que cette position est toujours plus avantageuse ; 2° parce qu'il est beaucoup plus volumineux. Comme cette disproportion pourrait faire craindre qu'il ne s'emparât de presque toute la sève, aux dépens de son voisin, on évitera ce grave inconvénient en pratiquant l'*éventage*, ce qui pourra diminuer la vigueur du bourgeon qui doit se développer, et ravivera le faible bourgeon dont j'ai parlé. Enfin, pour arriver plus sûrement à un résultat complet, on emploiera les différens moyens que j'ai décrits en parlant de l'*équilibre de la végétation* et du *palissage*. Si cependant le succès paraissait incertain lors de la taille en vert, on choisirait parmi les bourgeons placés au-dessous de ceux-ci ceux qui paraîtraient les plus propres à remplir le but proposé. Mais pour qu'il n'y ait point d'inégalité entre les deux ailes, il serait à propos d'en faire autant à l'aile gauche. Je terminerai la description de l'aile droite en faisant remarquer à la base de la mère-branche deux petits rameaux à fruits de premier ordre, qui sont le produit d'un bourgeon pincé. L'un d'eux doit rester sans être taillé ; et si l'œil terminal de celui réservé voulait s'emporter par la position qu'il occupe, on aura soin de le pincer quand le temps en sera venu.

Passons maintenant à l'aile gauche de ce même arbre. On voit que la taille correspond parfaitement au côté qui lui est opposé, et que le rameau chargé de prolonger la mère-branche a été taillé sur un œil qui doit donner un bourgeon propre à la continuer. Si cependant on néglige de l'attacher soigneusement à sa base, il pourrait former un petit coude, comme on peut le voir planche 2, même aile; mais avec du soin cet œil doit donner un résultat satisfaisant. On remarque que celui qui vient immédiatement après, avec la destination de former la première branche secondaire, est d'une force à peu près égale au terminal, et donne une belle espérance.

On peut voir aussi à la base de cette branche deux rameaux à fruits, l'un du premier et l'autre du second ordre, qui sont le résultat d'un bourgeon pincé. Le rameau du premier ordre restera sans être taillé; celui du second pourrait rester dans le même état, mais il y aurait à craindre qu'il ne s'emparât de la sève destinée à alimenter le premier. L'œil terminal de celui-ci doit donner naissance à un excellent bourgeon qui deviendra un rameau à fruits du troisième ordre, pour l'année suivante. Il est vrai qu'en le supprimant, ce que je propose, on peut occasionner un trop grand développement de celui qui reste, et être obligé de le pincer. Pour éviter cet inconvénient, il eût fallu réserver une portion de celui dont j'ai indiqué la suppression, en le taillant sur le troisième ou quatrième œil, s'il s'en trouvait à cette place. Mais tout en ayant pris le caractère de bouton, il a fallu le réformer complètement.

Nous arrivons au rameau destiné à former la sous mère-branche de l'aile gauche. On voit qu'elle est taillée sur un œil placé derrière, et piqué par un point pour le faire remarquer. Cet œil est supposé aussi bon que celui qui précède, en sorte que l'on peut espérer qu'il remplira bien sa fonction.

Outre ce que je viens de dire sur la charpente de cet arbre, on a cherché à répartir la sève dans des proportions telles, qu'elle puisse faire développer des yeux latéraux, et que ceux-ci puissent créer de bons rameaux à fruits du troisième ordre pour l'année suivante.

Je terminerai les détails relatifs à cette figure en faisant remarquer les faux rameaux qui se trouvent sur les rameaux principaux. Ils doivent être taillés sur les deux premiers yeux[1], afin qu'ils se mettent en concordance avec ceux du rameau sur lequel ils se trouvent placés.

La figure 3, même planche, représente un arbre de même âge, qui a poussé dans des proportions moindres d'à peu près moitié. Les opérations applicables à cet arbre n'ont aucun rapport avec celles que je viens de décrire ; l'état de faiblesse dans lequel il se trouve doit engager à ne s'occuper que de faire naître sur chaque branche le bourgeon nécessaire pour la prolonger sans former de coude. On voit aussi que trois de ses rameaux ont été taillés assez court pour faire développer des yeux latéraux,

____

[1] Nous verrons que sur des arbres plus âgés plusieurs de ces faux rameaux devront être beaucoup plus taillés, parce qu'ils ont dans ce cas une autre destination.

dans le but dont j'ai parlé à l'occasion de la fig. 2.
Il est également important de faire développer davantage le rameau qui doit prolonger la sous-mère-
branche de l'aile gauche, qui est plus faible que celle
de l'aile droite. Il faut donc le laisser sans être taillé,
afin qu'il prenne plus d'accroissement, ce qui n'aurait pas lieu si on le taillait selon sa force, et encore
moins très court, comme le prétendent quelques
auteurs. Il est vrai que ce rameau a tous les caractères propres à son développement ; le premier de
ces caractères est d'être charnu à son extrémité, les
yeux gros, triples pour la plupart, dont presque tous
ont conservé leur premier caractère ; l'écorce de
cette partie est d'un beau rose foncé sans altération ;
la partie basse de ce rameau est revêtue d'une écorce
d'un gris roux ; toutes conditions indispensables pour
son développement. Si, au contraire, l'écorce était
d'un verdâtre pointillé de rouge dans beaucoup de
parties, bien que ce rameau fût d'une dimension
plus étendue, mais grêle, et muni de plusieurs faux
bourgeons, on ne pourrait en espérer de bons résultats en le taillant long. (Voyez *Équilibre de Végétation.*)

Je reviens au rameau qui doit continuer la mère-
branche de l'aile gauche. On remarque que ce rameau a été pincé afin d'empêcher son trop de développement, ce qui n'a pas réussi complètement. Il
est présumable cependant que si cette opération
avait été totalement oubliée, la sève se serait portée
tout à son profit, et aurait beaucoup plus négligé
le rameau dont il est parlé. Une taille très court vient

achever l'ouvrage du pincement, qui, s'il avait été fait quinze jours plus tôt, aurait produit lui seul tout l'effet que l'on en désire, c'est-à-dire qu'il aurait remis cet arbre dans son parfait équilibre de végétation.

Nous arrivons à la figure 4 ; on voit que l'arbre qu'elle représente offre encore des résultats moins heureux que celui que nous venons d'examiner. Le rameau qui est destiné à la création de la sous-mère-branche de l'aile droite a à peu près 9 pouces de long, et se trouve peu disposé à se développer. Il n'a que des yeux simples dont un seul, placé vers l'extrémité, a pris le caractère de bouton. Si l'on opérait comme pour l'arbre dont je viens de parler, dans l'espoir de faire développer ce rameau, on n'aurait que de mauvais résultats, parce qu'il est arrivé à l'état languissant, et qu'aucun de ses yeux n'est propre à se développer. C'est pourquoi je le supprimerai totalement, et avec d'autant plus de raison qu'il est placé sur une branche peu vigoureuse. Le rameau destiné à continuer la mère-branche a été taillé sur le troisième œil, afin d'obtenir ce que n'a pas donné la seconde taille.

Les deux petits rameaux à fruits du premier ordre sont le résultat d'un bourgeon pincé. Ces petits rameaux doivent être retranchés parce que l'arbre est trop faible pour porter des fruits. Dans l'aile gauche nous voyons que le rameau destiné à la création de la sous-mère-branche doit être retranché. Il est vrai que j'aurais pu le conserver en le taillant sur le deuxième œil, afin de continuer cette branche ; mais alors il y aurait de ce côté plus de moyens d'accrois-

sement et difformité dans l'arbre. C'est ce qui m'a
déterminé à en faire la réforme, d'autant plus que
les rameaux des mères-branches, étant de même vigueur, sont capables de rétablir la nouvelle charpente.

Le cinquième exemple offre une irrégularité dif-
férente, non moins pernicieuse. La figure représente, à l'époque de la 2e taille, quatre rameaux,
deux à droite et autant à gauche. J'ai supprimé
les deux qui se trouvaient le plus éloignés de la
greffe, en rapprochant sur les deux autres, qui
m'ont paru plus convenables. La plaie a été faite un
peu trop près du rameau de gauche ; celui-ci a été
éventé, ce qui a nui à son développement. Divers
moyens ont été mis en usage sans succès ; le seul qui
aurait réussi est justement celui qui n'a pas été employé ; il consistait à appliquer un emplâtre résineux [1],
qui aurait garanti cette plaie du contact de l'air, du
soleil et de l'humidité. Le développement de la branche en aurait été facilité, et elle se serait mise en
équilibre avec celle qui lui correspond. Le seul parti
qu'il y ait à prendre est de la ravaler (voyez la fig. 5),

---

(1) Ce mélange, qui est très utile pour toutes espèces de plaies,
écoulement de sève et greffe, se compose ainsi : pour une livre de
poix de Bourgogne ou calbotage, *poix blanche ou poix grasse*,
prenez un quart de *poix noire ou braie*, un quart de *poix résine*,
un quart ou même plus de *cire ordinaire*; faites fondre le tout ensemble en le mélangeant bien. Chaque fois que l'on veut s'en servir, il
faut le faire liquéfier. Quelques personnes remplacent la cire par du
suif, mais j'ai reconnu qu'il était dangereux pour les arbres délicats,
en altérant les vaisseaux séveux dans lesquels ils pénètre.

et de redresser l'aile droite le plus perpendiculairement possible [1], de manière à ce que ses deux rameaux puissent tenir lieu des deux ailes. On les traitera ensuite comme je l'ai dit.

TROISIÈME TAILLE, *Planche II.*

Nous allons maintenant examiner les résultats de
la troisième taille, qui sont on ne peut plus satisfaisans, puisque la végétation s'est parfaitement achevée
dans toutes les parties. Nous nous arrêterons seulement sur les considérations essentielles, pour ne
point employer de temps inutilement.

Pour abréger les démonstrations, il m'a paru convenable de réunir tous les rameaux de l'aile droite
qui ont un même but, en les désignant par un zéro
qui se trouve à leur extrémité. Pour ne pas être obligé
d'entrer dans des démonstrations particulières pour
chacun d'eux, je dirai seulement qu'ils sont taillés de manière à obtenir, s'il est possible, quelques fruits, ce qui est rare sur des arbres de cet âge,
en ce que les organes sexuels n'y sont pas bien constitués [2]. Il est vrai que le fruit n'est pas le point le
plus important de ces opérations ; ce qui doit fixer
davantage l'attention, c'est que chacun de ces rameaux puisse donner naissance à un et plus souvent
à deux bourgeons capables de le remplacer après la

(1) Cette opération aurait été plus assurée en la faisant à l'époque
du dernier palissage.

(2) Les fleurs de tels arbres ont ordinairement un pistil très court
et souvent imparfait.

maturité des fruits. Pour obtenir ce résultat, il est de la plus grande importance de ne pas les tailler trop long, afin que la sève détermine les yeux, qui sont à leur base, à produire les bourgeons dont je viens de parler. Pour y parvenir plus sûrement, il serait important que les rameaux qui sont destinés à la charpente ne fussent pas non plus taillés trop long, afin que la sève, qui a toujours de la tendance à se porter aux extrémités, pût être concentrée dans l'intérieur de l'arbre et répartie avec avantage dans toutes ses parties. Je ne puis déterminer la longueur qu'on doit leur donner ; en pareil cas, c'est l'expérience qui doit servir de règle, et je ne puis que répéter l'avis donné par A. Thouin dans ses leçons d'agriculture pratique : « Lorsqu'on n'est pas sûr de ses opérations, il vaut beaucoup mieux tailler un peu trop court que trop long ; car les fautes que l'on pourrait commettre, dans le premier cas, seraient réparables, par le choix que laisserait le nombre des rameaux développés, ressource que n'offre jamais une taille démesurée en longueur ».

Je donnerai des explications et des exemples suffisans pour opérer dans de justes proportions, et vaincre en partie cette grande difficulté.

Nous allons maintenant étudier les rameaux de cette même aile, auxquels j'ai appliqué des opérations différentes de celles dont je viens de parler. Je décrirai d'abord les n⁰ˢ 1 et 4, qui sont très vigoureux ; on peut les considérer comme rameaux à fruits du troisième ordre, mais très forts, et qui, dans quelques circonstances, tiennent lieu de rameaux à bois, parce qu'ils peuvent, comme eux, être appropriés à la formation des branches de la charpente. On comprendra très bien que, s'ils étaient taillés long pour obtenir plus de fruits, la quantité de bourgeons qu'ils développeraient formerait de la confusion, et nuirait à la branche secondaire dont ils sont très voisins. Cette position pourrait même engager à les supprimer ; mais il sera plus prudent de les tailler, comme dans l'exemple, à deux yeux, afin qu'il n'en sorte qu'un ou deux bourgeons. Au reste, si même un seul nuisait à ses voisins, on réformerait toute la branche à l'ébourgeonnage [1].

Nous passerons maintenant au rameau n° 2 ; il offre trois bifurcations, qui sont le résultat du pincement ; sans cette opération il aurait pris une très grande extension ; mais leur position laissant encore craindre le même accident, j'ai supprimé celui qui paraissait devoir s'approprier une plus grande quantité de sève, et dont le développement eût été préjudiciable à la mère-branche en rompant l'équilibre de la végétation.

Les deux autres rameaux doivent rester entiers, en ce que le plus grand est mince, et muni d'une assez grande quantité de boutons doubles pour la plupart, sans être accompagnés d'yeux. Malgré l'opinion de beaucoup d'auteurs, qui prétendent que ces rameaux ne portent jamais de fruits, je me suis convaincu du contraire ; il est vrai que, s'ils étaient sur

---

(1) Dans un cas particulier, que je développerai n° 5, on peut les tailler très long.

des branches languissantes, ils seraient assurément dans ce cas ; mais la position qu'ils occupent leur permet de porter des fruits comme si les boutons étaient accompagnés d'yeux ; condition que, depuis des siècles, on a donnée comme indispensable. Pour le rameau du premier ordre, il deviendrait dangereux, si l'œil terminal prenait un trop grand essor, ce qui peut arriver par l'avortement des boutons situés à sa base.

N° 3. On remarquera que ce rameau a été pincé, ce qui l'a fait bifurquer en deux rameaux presque égaux ; le plus grand a environ onze pouces : l'un et l'autre sont trapus et constitués de manière à absorber une très grande quantité de sève. J'ai cherché à éviter cet inconvénient en supprimant le plus grand et taillant l'autre sur les deux premiers yeux, qui, comme on peut le voir, offrent peu de volume ; cependant, comme le rameau qui les alimente est dans une position très favorable, il sera prudent de bien observer leur végétation, afin de les pincer, s'ils prenaient trop d'accroissement.

Je ferai remarquer le n° 5, qui a été taillé outre mesure ; c'est ce que l'on appelle tailler en toute perte. Ce rameau est destiné à donner des fruits sans fournir de bourgeon pour le remplacer, comme ceux des exemples précédens. On peut opérer ainsi toutes les fois que les rameaux à fruits se trouvent placés sans confusion sur des branches assez vigoureuses pour ne pas être épuisées par la privation de la sève nécessaire à alimenter ces rameaux. Cela devient même souvent très important, dans l'économie de l'arbre auquel on l'applique, en modérant la

trop grande vigueur de ces parties, et en les empêchant de développer des bourgeons trop volumineux
qui pourraient lui être nuisibles. Cette opération demande beaucoup de discernement, parce que, si elle
était multipliée sur des parties faibles ou languissantes, elle pourrait leur être très funeste.

J'aurai occasion de revenir sur ce sujet lorsque
je traiterai d'arbres plus avancés en âge, où nous
trouverons des branches coursones, sur qui cette
opération devient très importante.

Nous nous arrêterons un instant sur les rameaux
destinés à continuer la charpente de l'aile droite. Je
ferai remarquer que le rameau A, destiné à former la
première branche secondaire inférieure sur la sous-
mère, n'est pas de la première vigueur ; ainsi j'ai
cherché à lui faire prendre du développement en le
taillant sur un très bon œil placé en avant. J'ai aussi
porté toute mon attention à ce que la coupe ne soit
pas près de cet œil, afin que la plaie ne lui fasse
éprouver aucune avarie.

Il est vrai que ce rameau est taillé de deux à trois
yeux plus long que je ne l'aurais désiré, parce que plusieurs yeux placés sur la partie réservée ne sont pas
bien constitués, ce qui fait craindre que leur développement ne soit pas bien satisfaisant. J'aurais obtenu un
résultat plus sûr en le taillant plus court ; mais la difficulté de trouver un œil terminal placé devant m'a
forcé de m'arrêter au point désigné. Cependant, pour
remédier à cet inconvénient et assurer le développement de ses différens yeux, j'ai taillé B un peu court,
afin que la sève qu'il concentrera passe au profit de A

et des autres rameaux qui composent cette branche.

Nous voyons que C est dans un état brillant de végétation et a tous ses yeux bien constitués. L'œil terminal, quoique un peu en-dessous, est cependant assez bien disposé pour continuer la prolongation de cette branche ; le rameau qui lui est correspondant dans l'aile gauche, quoique moins vigoureux, est bien constitué dans toutes ses parties ; les yeux sont proportionnés, et l'écorce, grise à la base, est d'un rose foncé à la partie supérieure. Il y a lieu d'espérer qu'il se développera avantageusement ; mais, pour cela, il est nécessaire de ne le point tailler [1]. Si l'on cherche la cause de l'affaiblissement de ce rameau, on la trouvera dans le petit coude qui existe près de la troisième taille, au point E. Ce coude est l'effet du mauvais choix de l'œil terminal destiné à continuer la mère-branche ; il a été pris en dessus. On sent parfaitement bien que la sève, qui néglige toujours les parties obliques pour se porter dans celles verticales, toutes circonstances égales d'ailleurs, a dû nécessiter l'affaiblissement de ce rameau ; c'est pourquoi je recommande de prendre toujours pour œil terminal un de ceux qui se trouvent devant.

Je vais maintenant opérer les deux rameaux qui doivent continuer les mères-branches. On remarque qu'ils poussent avec force et régularité ; j'en conclus que je peux les tailler à environ trois pieds et demi, cette distance étant celle qui convient pour obtenir

____

[1] Voyez ce que j'ai dit à l'article des branches et rameaux faibles, page 26.

le développement de la deuxième branche secondaire inférieure, pour laquelle je choisis des yeux dans cette situation, et près de ceux destinés au prolongement des branches-mères ; mais il ne m'est pas possible de réaliser les vues proposées, parce que, du côté gauche, je me vois contraint d'utiliser un faux rameau qui a été taillé sur les deux premiers yeux. L'un d'eux sera réformé lorsque j'aurai la certitude que le plus vigoureux sera parfaitement développé, ce qu'il est difficile de prévoir d'avance; c'est pourquoi, dans cette circonstance, je n'emploie de faux rameau qu'à la dernière extrémité. J'aurais pu, en pareil cas, tailler le rameau à deux yeux au-dessous de l'endroit désigné, pour éviter cette incertitude ; mais, par cette opération, la seconde branche secondaire inférieure naîtrait beaucoup trop près de la première, et, de plus, en mauvaise harmonie avec celle qui lui correspond sur l'aile droite. Néanmoins on pourrait être contraint de pratiquer cette opération à l'ébourgeonnage, si le faux rameau ne donnait pas le résultat attendu.

Je terminerai ce qui regarde ces deux rameaux en faisant remarquer que l'œil terminal combiné de chacun est un peu en dessus, mais pas assez cependant pour produire de difformité.

Il me reste à dire un mot des faux rameaux. Je les ai décrits page 19 ; il me suffit donc de les faire remarquer ici sur l'un des rameaux en les désignant par un F. Je fais observer que la plus grande partie d'entre eux est taillée sur les deux premiers yeux ; j'ai déjà dit qu'en pareil cas, ils étaient sujets à s'annuler ; mais, pour les consolider, on est dans l'usage de les pincer sur les troisième ou quatrième feuilles. Voyez le résultat d'une de ces opérations, n° 6. Je ferai aussi remarquer le n° 7, qui est resté sans être taillé ; il porte une assez grande quantité de boutons qui promettent avec certitude une grande abondance de fruits. On peut donc utiliser ces sortes de rameaux, toutes les fois qu'ils se trouvent dans une position semblable à celle que j'ai représentée, c'est-à-dire, lorsqu'ils ne peuvent nuire aux progrès du rameau sur lequel ils ont poussé. Ces faux rameaux offrent tous les avantages des rameaux du troisième ordre ; ils sont même nécessaires, en ce qu'ils peuvent modérer la grande vigueur du rameau qui les porte ; je suis persuadé qu'ils pourraient prendre un très grand développement, auquel leur constitution et leur écorce souple les rendent très propres. Dans certains cas, ils pourraient être employés à la création d'une branche secondaire ; mais ce n'est pas applicable à l'exemple présent, qui nous offre des ressources plus certaines.

On ne peut employer ce procédé sur les parties supérieures, parce qu'alors une très grande quantité de sève serait absorbée par les faux rameaux, au préjudice du rameau qui les aurait fait naître, à moins que les faux rameaux ne soient d'une constitution très grêle, mais alors leurs produits sont fort incertains.

Il est encore un moyen d'utiliser les faux rameaux d'une manière assez importante. En supposant que le rameau D ait développé la plus grande partie de ses yeux ou faux bourgeons, comme cela arrive assez souvent dans les terres brûlantes, la taille alors serait embarrassante. Mais un cultivateur intelligent prévoit cet accident en choisissant, comme je l'ai dit, lors du pincement et du palissage, le faux bourgeon le plus vigoureux, afin de le rendre propre au remplacement de ce rameau, qui sera alors réformé si le but proposé est atteint, c'est-à-dire si le faux rameau a au moins le quart du rameau principal.

Je renvoie, au reste, à ce que j'ai dit du *pincement des faux bourgeons*.

Je termine ici les détails relatifs à la pl. 2, qui représente un arbre de première vigueur, et je pense qu'on peut en déduire facilement les différences qui peuvent être nécessaires dans les opérations applicables à des arbres moins vigoureux. Je n'ai pas cru devoir en donner de figures, parce que les principes sont les mêmes; il n'y a de différence que dans l'époque de leurs applications, qui ont lieu à de plus longs intervalles, l'état de la végétation étant tel chez quelques-uns qu'on ne peut espérer, que fort tard, de pouvoir former des branches secondaires inférieures.

La *fig.* 3 de la *pl. 1*, va m'aider à expliquer ma pensée. Supposons que le résultat de la 3ᵉ taille ait complétement rempli notre attente, et que les yeux terminaux, tant fixes que combinés, destinés au prolongement des diverses branches, aient poussé des jets de 1 à 5 pieds; on pourrait par la 4ᵉ taille préparer la formation des premières branches secondaires inférieures, tant sur les mères-branches que sur les sous-mères, et cet arbre ne serait en retard que d'une année sur celui représenté *planche* 2; c'est-à-dire que pour ce dernier arbre, j'aurai obtenu par la 3ᵉ taille les deux premières branches secondaires inférieures, tandis que pour le premier ce serait seulement par la 4ᵉ. Ce fait est assez ordinaire dans les terrains où les arbres végètent peu pendant les premières années de leur plantation ; et si ce retard de végétation ne dure que pendant les quatre ou cinq premières années , on ne doit pas désespérer d'obtenir la forme indiquée. Si au contraire cette faible végétation se prolonge plus long-temps, on ne peut espérer que des arbres rachitiques et difformes ; car le plus habile jardinier ne peut rien faire sans végétation. C'est pourquoi le vénérable Thouin conseillait toujours de planter en terrain riche, pour ne pas exposer les jeunes arbres à s'endurcir, ce qui est très dangereux pour eux et surtout pour le pêcher.

Examinons rapidement maintenant les résultats de la 4ᵉ taille.

QUATRIÈME TAILLE.

Portons notre attention sur l'arbre figuré *pl.* 2. Je ferai remarquer comme base principale que tous les yeux qui composent son économie, et que la 4ᵉ taille fera développer pour prendre le caractère de rameaux , ainsi que ceux qui existent au moment de l'ascension de la sève , auront le caractère de branches. Excepté celles qui doivent continuer la charpente et qui conserveront leurs noms respectifs , toutes les autres prendront celui de *branches courso-nes*, parce qu'elles porteront des rameaux à fruits de différens ordres qui subiront les opérations convenables à leur vigueur et à leur position.

Je n'ai pas cru nécessaire de donner ici plus de détails sur cette taille, ne différant des précédentes que par les branches coursones, dont je me propose de parler encore à l'occasion de l'arbre figuré *pl.* 3. Je n'ai pas cru non plus nécessaire de figurer la 4ᵉ et la 5ᵉ taille, parce quelles sont peu différentes de la 6ᵉ qui va bientôt nous occuper. Je ne ferai qu'une seule observation à leur sujet, c'est qu'à l'égard de la 4ᵉ et de la 5ᵉ taille, on ne doit point s'occuper de la formation des branches secondaires supérieures ; on doit au contraire s'opposer par tous les moyens de l'art à ce qu'elles prennent trop d'accroissement ; car si on leur accordait quelque protection avant que l'arbre ait acquis l'âge voulu, l'on serait exposé à ce quelles s'emparassent d'une très grande quantité de sève ; ce qui altérerait les mères-branches et ne tarderait pas à les faire périr.

SIXIÈME TAILLE.

Il faut considérer que l'arbre *pl.* 3, n'a éprouvé que des avaries peu sensibles depuis sa plantation ; aussi a-t-il une dimension considérable pour un arbre de cet âge. Il a de l'extrémité de l'aile droite à celle de l'aile gauche, environ 26 pieds d'ouverture. Je n'ai figuré qu'une seule aile, afin de pouvoir le faire sur une plus grande échelle qui permette de rendre les détails plus sensibles ; ce qui est essentiel ici, parce que cette moitié d'espalier réunit non-seulement tous les résultats heureux, mais encore les petits accidens ou anomalies diverses qui peuvent se rencontrer sur des arbres bien et mal taillés. Au reste, l'aile gauche devant être semblable, celle-ci suffit pour les démonstrations.

Quelques personnes seront peut-être étonnées que j'aie pris un arbre aussi jeune pour terme de mes observations; je leur ferai remarquer qu'il porte déjà des branches de toutes les sortes ; qu'une partie de la charpente est formée, ce qui le rend tout aussi propre aux démonstrations que s'il avait quelques années de plus. Dans ce cas, en effet, il serait seulement plus garni de branches et de rameaux, mais n'offrirait rien de plus sous le rapport de l'utilité et de la précision.

La seconde taille a été faite sur cet arbre à environ 8 pouces du tronc, distance trop considérable pour le parfait développement des sous mères-branches, parce qu'elle les éloigne trop du tronc, et leur ôte la faculté d'en recevoir une assez grande quantité de sève. Mais l'extrême vigueur de l'arbre à l'époque de cette seconde taille, m'engagea à les éloigner ainsi ; le rameau sur lequel l'opération a eu lieu avait alors la grosseur du pouce, et il y avait à craindre quelque extravasation de sève, si on eût taillé à 3 ou 6 pouces ainsi que je l'ai recommandé comme condition importante. Ces branches ont acquis néanmoins un très grand développement; mais, je dois le répéter, leur succès n'est pas aussi certain que si on les avait fait naître plus rapprochées.

On voit que la vigueur de l'arbre s'est parfaite

ment soutenue , puisque la 3ᵉ taille a été faite à trois
pieds environ de la seconde. On peut, sans autre
explication, vérifier sur la *planche* les résultats obte-
nus par cette 3ᵉ taille , et apprécier ainsi la justesse
des opérations.

La 4ᵉ taille ayant eu des résultats heureux , et l'arbre étant encore d'une grande vigueur , les opérations ont été à peu près semblables à celles de la 3ᵉ.

La 5ᵉ exige plus de détails , et aurait peut-être mé
rité une figure ; mais les explications que je vais
donner sur celle-ci en tiendront lieu , je l'espère.
Cette 5ᵉ taille a été effectuée assez près de la 4ᵉ, parce
que le rameau destiné à former la deuxième branche
secondaire inférieure était resté alors un peu faible
comparativement à celui destiné au prolongement
de la mère-branche. Ce dernier a donc été taillé
court afin de faire passer la sève au profit du rameau
inférieur, que l'on a taillé long pour augmenter sa
vigueur. On voit combien cette opération a eu d'heureux résultats. Cette 5ᵉ taille devait aussi former une
autre branche secondaire au point *J* , qui pût remplacer celle de l'année précédente dans le cas où
son développement n'eût pas été convenable ; mais
sa vigueur lors de la 6ᵉ taille , et l'avantage de sa position , lui ont fait donner la préférence. Enfin on
remarque encore que l'œil qui a dû prolonger la
mère-branche était supérieur, ce qui a nécessité un
coude désagréable et qui gâte la belle régularité de
cet arbre.

Quant à la 6ᵉ taille , nous n'en dirons qu'un mot
Elle a été établie à la distance de quinze pouces ou

environ ; on voit que la coupe a été faite sur un œil placé derrière, ce qui lui fait faire face au soleil, désavantage que j'ai déjà fait remarquer. Peut-être aussi que la coupe représentée ici n'est pas celle qui a été établie par la taille, l'œil terminal ou celui qui le suit pouvant avoir été détruit par quelque accident, ce qui aurait pu contraindre à revenir sur ce point lors du pincement ou de toute autre opération d'été, époque où l'on s'aperçoit des accidens et où l'on cherche à y remédier [1].

SEPTIÈME TAILLE.

Nous arrivons à la septième et dernière taille pratiquée sur les rameaux destinés à continuer le prolongement de la mère-branche. Nous remarquons d'abord que l'œil terminal est placé en avant de la muraille. Cet œil est très propre à prolonger cette branche sans former de coude. On voit également que ce rameau est taillé un peu court, afin de maintenir la sève au profit de celui qui est destiné à la formation de la 3ᵉ branche secondaire inférieure. Celui-ci doit rester sans être taillé, sans cependant que l'on soit sûr de son parfait développement, parce que l'œil terminal est un peu avarié ou au moins mal constitué. C'est alors qu'un des latéraux le plus vigoureux sera disposé pour en tenir lieu. On doit remarquer aussi sur la mère-branche le peu de longueur des dernières tailles, comparativement

(1) Voyez ce qui a été dit en parlant de la taille de mai.

aux premières. On sentira très bien que si je donnais trop d'étendue à cette partie, bientôt la sève qui a toujours de la tendance à s'y porter, négligerait infailliblement d'alimenter les branches coursoues placées sur toute l'économie de cet arbre.

Tout ce qui a été dit jusqu'à présent est relatif au développement de l'arbre ; il faut maintenant s'occuper de l'état prospère de chacune de ses parties. Il ne suffit pas de recommander cette doctrine, il faut en faire l'application ; c'est l'objet dont je vais m'occuper.

J'ai déjà dit, en parlant de l'équilibre de la sève, page 28, que, pour le succès des branches-mères, elles ne doivent pas dépasser l'angle de 45 degrés ; c'est le point où se trouvent celles de cet arbre. Il faut maintenant s'occuper très sérieusement de maintenir la sève dans l'intérieur, pour qu'elle puisse se répartir avec justesse dans toutes les petites branches qui en forment l'économie. Ce n'est qu'avec une taille sagement raisonnée qu'on peut y parvenir. Je ne dirai pas, comme quelques auteurs, qu'il faut tailler les *branches à fruits court*, et les *branches à bois long*. C'est là le résumé de leur doctrine. En thèse générale, ils ont raison ; mais une foule de circonstances oblige à sortir de cette règle.

Je suppose que le rameau placé sur la branche-mère, n° 8, soit taillé à deux pieds et demi, assurément il serait taillé très long ; et en raison de sa force il serait très propre à former une bonne branche secondaire supérieure. Mais un rameau de cette nature, placé sur la mère-branche, et lui offrant un empatement considérable disposé à recevoir une très grande quantité de sève, l'attire par un assez grand nombre d'yeux dont il est garni, et à cause de son écorce tendre et propre à se dilater. Une semblable disposition ne pourrait donc que menacer l'existence de l'arbre en détournant la presque totalité de la sève dont le reste de l'arbre serait privé.

Je sens parfaitement bien que si, par négligence ou par défaut de temps, il est né sept ou huit rameaux de cette nature et dans des positions semblables, on sera contraint d'en conserver quelquesuns de ceux les mieux placés, tant pour former des branches secondaires supérieures que pour recevoir la sève de ceux qu'il faudrait tailler très court ou supprimer totalement, à cause de leur position trop rapprochée des rameaux conservés. En effet, en les supprimant tous, on s'exposerait à des extravasations de sève qui peuvent compromettre l'existence de l'arbre, à moins cependant qu'il ne soit planté dans une terre douce et très convenable à la nature du pêcher. Encore cette opération ne serait pas sans danger, puisqu'elle est mortelle dans un terrain brûlant.

Quand, par exemple, il n'existe de ces rameaux que par hasard, et que toutes les branches de leur voisinage sont en bon état, on peut sans danger les réformer ; mais il est toujours préférable d'éviter leur accroissement par l'opération du pincement et du palissage.

Je ne dirai plus rien sur ce qui concerne les branches-mères, sous-mères et secondaires inférieures, parce qu'elles ont été l'objet de mes démonstrations précédentes ; mais il me reste à parler des autres branches qui concourent à la charpente d'un arbre, comme les branches intermédiaires, secondaires supérieures, et de ramification.

On peut voir deux de ces productions sur des branches secondaires supérieures et inférieures au point marqué D. Occupons-nous d'abord de celle qui a pris naissance sur la deuxième branche secondaire inférieure. Le moyen d'obtenir cette sorte de branche D est le même que celui que l'on emploie pour la création des branches secondaires ; c'est toujours, autant que possible, l'œil qui suit le terminal que l'on dispose à cet effet. Il faut, autant qu'on le peut, les établir inférieurement ; dans ce cas, elles sont très utiles aux progrès des branches secondaires, parce que, dans leur première jeunesse, elles coopèrent à leur parfait développement ; et, lorsqu'elles sont devenues vieilles et peu vigoureuses, on réforme les branches de ramification, suppression qui bientôt ravive la branche dont elles tiraient leur nourriture.

Si, au contraire, de pareilles branches étaient placées supérieurement, elles pourraient causer la mort de celles qui les auraient produites, ce qui oblige à en faire l'amputation, c'est-à-dire que, pour prolonger la branche secondaire, on serait obligé d'utiliser la branche de ramification en faisant la réforme de la partie qu'elle aurait épuisée. Dans ce cas, ces sortes de branches sont considérées comme des branches de remplacement ; toutefois il ne faut employer ce moyen que lorsque la sève refuse de passer dans la branche qu'on est obligé de remplacer.

Quant aux branches secondaires supérieures, on devra veiller à ce qu'aucune d'elles ne soit en opposition avec les semblables inférieures ; il est même de rigueur de chercher autant que possible à établir ces sortes de branches sur les intervalles qui se trouvent entre les inférieures, et de façon qu'elles soient alternes. Chacune d'elles pourra jouir alors des avantages que peut lui procurer la mère-branche, ce qui n'aurait pas lieu si elles étaient opposées.

Jetons un coup d'œil sur la première de ces branches, qui n'est autre chose que le développement d'une branche coursonne qui a déjà subi trois opérations. Les deux premières n'ont rien de remarquable ; mais il n'en est pas de même de la troisième, qui a été faite dans le but de prolonger la branche coursonne, en cherchant à obtenir en même temps le développement d'un rameau propre à la formation d'une branche de ramification inférieure D, ce à quoi l'on a parfaitement réussi.

Je ferai remarquer que la création de ce rameau a eu lieu à peu près à huit pouces au-dessus de l'insertion de la branche secondaire. On ne doit jamais chercher à le créer à des distances plus grandes, à cause des avantages que l'on peut en obtenir, et qui seront indiqués plus loin.

Je ferai remarquer que les deux rameaux destinés à prolonger chacune de ces branches ont été taillés assez court, afin d'empêcher leur trop grand développement. Il faut joindre à cette opération le changement de direction. On voit que les deux rameaux et le corps de la branche ont été inclinés vers le centre, afin de leur ôter la perpendicularité, et de gêner leur extrémité par un peu de confusion produite par l'ensemble des rameaux qui se trouvent sur l'aile gauche; mais, à partir de ce moment, ces rameaux vont être dirigés dans un sens opposé, c'est-à-dire qu'après la taille générale cette branche secondaire sera portée à l'angle de 75 degrés, et le rameau qui doit constituer la branche de ramification à celui de 65 ou environ. C'est par de pareils procédés, joints à ceux que j'ai développés en traitant de l'équilibre de la sève, que l'on maintient ces branches dans un état de docilité très convenable à la parfaite formation de l'arbre. Si, au contraire, on leur laissait la facilité de s'étendre, elles épuiseraient bientôt la mère-branche. Dans le cas où celle-ci annoncerait quelques symptômes d'épuisement, ce qui se reconnaît à des brûlures sur les écorces, qui produisent des déchiremens et des extravasations de sève, et enfin au peu de vigueur des rameaux que cette branche développerait, il faut préparer son remplacement par la branche secondaire dont je viens de parler, et à laquelle on donnerait une grande extension, afin de ne pas retarder ses jouissances. C'est pourquoi je recommande d'élever cette première branche secondaire par les mêmes principes que la mère-branche, afin qu'elle puisse la remplacer dans le cas où elle viendrait à manquer.

Lorsque ce remplacement sera opéré, la branche de ramification prendra le nom de secondaire, parce qu'elle en tiendra lieu.

Il me reste à dire un mot des branches intermédiaires ; elles sont ainsi nommées en ce qu'elles sont toujours placées dans l'intervalle des branches secondaires. Voyez les lettres OE, même planche. Ces sortes de branches ne sont souvent que provisoires, comme celle qui est représentée. On peut aussi, dans le cas où ces branches paraîtraient disposées à prendre du volume, les utiliser au besoin pour remplacer une branche secondaire qui manquerait de vigueur.

Ce que j'ai dit jusqu'alors a eu pour objet les opérations particulières à la charpente des arbres ; il me reste à parler des branches coursonnes, ou de celles qui doivent en tenir lieu à l'avenir. Comme chacune d'elles offre quelque différence, j'ai cru nécessaire d'en désigner une certaine quantité par une série de numéros qui aideront à saisir les diverses modifications que chacune peut éprouver. Je n'ai pas cru devoir détailler toutes celles qui composent l'ensemble de cet arbre, parce que ce serait répéter ce que je vais dire pour celles qui sont numérotées ; j'ai seulement indiqué par un trait le point où il est nécessaire de les tailler.

Avant d'opérer sur un arbre de cette nature, il faut se rendre compte de la vigueur des branches qui en composent la charpente ; et si quelques-unes d'entre elles paraissent faibles, on devra porter le plus grand soin à ne leur faire produire qu'une petite quantité de fruits ; c'est ce qu'on appelle *décharger de fruits*.

On est en général trop indifférent sur ce principe ; les branches les plus faibles sont toujours celles qui portent les rameaux les mieux préparés à donner une grande quantité de fruits ; mais elles seront épuisées en peu de temps si l'on ne vient pas à leur secours, par une taille sagement combinée. Elle consiste à tailler très long les rameaux à bois, et à réformer un certain nombre de ceux à fruits, en taillant les autres assez court pour leur faire produire de nouveaux rameaux, propres à remplacer ceux qui auront donné une certaine quantité de fruits.

Il n'en est pas de même des branches fortes : les rameaux à fruits peuvent être conservés en plus grande quantité et taillés plus long sans craindre de les épuiser ; au contraire ils servent à tempérer le trop de vigueur de cette branche ; c'est ce qu'on appelle *charger de fruits*.

Ainsi une branche faible dont un assez grand nombre de rameaux à fruits auront été réformés et les autres taillés à 4 ou 5 yeux, peut ne pas se trouver assez déchargée ; au contraire une branche forte dont les rameaux de même nature auront été conservés en beaucoup plus grand nombre, dont les autres auront été taillés à 8 et 10 yeux, peut également ne pas être assez chargée ; d'où il résulte que les rameaux, soit à fruits, soit à bois, exigent chacun une attention particulière, ce que je tâcherai de démontrer dans la suite de mes opérations.

Revenons à la *pl.* 3. Le n° 1 indique une plaie, résultat de l'amputation d'une branche trop volumineuse, qui menaçait l'existence de l'arbre et particulièrement celle de la sous mère-branche, parce qu'elle était presque opposée avec elle. Les deux petits rameaux qui se trouvent dans le voisinage de cette plaie proviennent d'un œil inattendu ou latent placé à la base de cette branche, ce qui en a encore déterminé la suppression, avec le soin de pincer le bourgeon qui se développerait de cet œil, ce qui a été fait. Ces sortes de productions restent sans être taillées, afin que les fruits que la nature y a préparés puissent absorber la sève qui pourrait se porter dans cette partie ; et si quelques-uns des yeux qui y sont réunis venaient à prendre du développement, ils seraient également pincés.

Le n° 2 représente une petite branche portant deux rameaux à fruits, l'un du 3ᵉ ordre et l'autre du 1ᵉʳ. On ne peut rapprocher sur ce dernier, comme cela est indiqué par un trait, parce qu'alors il y aurait à craindre que l'œil terminal fixe ne prît trop d'accroissement, en raison du peu de boutons qui se trouvent à sa base ; c'est pourquoi il est prudent de les conserver tous deux en taillant le rameau du 3ᵉ ordre au point indiqué. En le conservant dans la position qu'il occupe, on assurera le développement de l'œil terminal du rameau du premier ordre, mais dans une proportion convenable au remplacement, et non avec le risque de lui voir prendre trop de vigueur.

Le n° 3 indique une branche qui a été taillée en crochet, parce qu'elle portait alors deux rameaux assez vigoureux. Le plus voisin de l'origine de cette branche a été taillé très court, afin d'en obtenir un rameau propre au remplacement, ce qui a eu lieu. L'autre a été taillé très long dans l'espoir d'y faire naître une certaine quantité de fruits, dont on peut

encore se rendre compte par les pédoncules attachés
sur cette partie de branche épuisée. On y remarque
aussi des vestiges de rameaux, qui sont le résultat du
pincement qui a été opéré à l'époque où ces rameaux
étaient encore à l'état de bourgeons, et de la longueur de 4 à 6 pouces, dans le but de n'attirer vers
cette partie que la sève nécessaire à la production
des fruits [1], et de lui permettre de favoriser le développement du rameau du 3e ordre, placé sur la
partie taillée en crochet. Ce rameau mérite notre
attention ; il faut tâcher d'en obtenir une quantité de
fruits combinés avec son volume et la position qu'il
occupe. Dans ce but nous retrancherons de la branche coursonne toute la partie épuisée [2], afin que le
peu de sève qu'elle aurait réclamée puisse arriver
au rameau qui nous occupe. Mais avant d'entrer dans
plus de détails, je dois faire remarquer son origine.
Il est dû à une taille faite sur un ou deux des premiers yeux d'un rameau précédent, ainsi qu'à l'opération qui a fait produire des fruits au moyen d'une
taille très alongée. L'ensemble de ces deux rameaux
attachés à la branche coursonne ressemblait, à cette
époque, à un crochet d'où est venu le nom de cette
taille ; mais cette forme n'existe plus, puisqu'il ne reste
sur cette branche coursonne qu'un rameau taillé,
comme on peut le voir sur le cinquième œil, afin
d'obtenir une bonne quantité de fruits. Ce rameau

____

(1) Cette opération est commune à toutes les branches de cette
nature. Voyez l'article du pincement, pag. 49.

(2) Ceci ne doit avoir lieu qu'après la cueillette des fruits ; observation commune à toutes les branches de cette espèce

aurait pu être taillé plus long de quelques yeux à cause
de sa vigueur et de sa position ; mais on n'a pas dû
le faire, parce qu'il eût été trop incertain d'assurer
le développement des yeux placés à sa base, et destinés au remplacement après la cueillette des fruits ;
ce qui est le point important de l'opération.

Le n° 4 représente la première branche secondaire supérieure. Je ne dirai rien des deux rameaux
C D, en ce qu'ils sont destinés à la confection de
cette branche, ce qui a été assez expliqué précédemment. Je ferai remarquer quatre petits rameaux
placés à la base de cette branche au point E. Ces
productions sont le résultat de deux rameaux pincés, et que cette opération a fait bifurquer. La bifurcation F G se compose de deux rameaux du
second ordre, puisque la plus grande partie de leurs
yeux sont simples, et que la plupart ont pris le caractère de boutons. Le plus petit de ces rameaux F
restera sans être taillé, dans l'espoir d'en obtenir
quelques fruits, et d'absorber l'abondance de sève
qui est susceptible de se porter dans cette partie.

En supposant que tous les yeux de ce rameau aient
pris le caractère de boutons, et que le nombre en
paraisse trop considérable, on penserait qu'en pareil
cas on pourrait retrancher une partie du rameau.
Mais je dois observer qu'il n'en faut rien faire, autrement les boutons restant seraient hors d'état de produire ; parce que ce rameau étant, par l'amputation,
dépourvu d'œil pour y attirer la sève, ses fruits s'obli-
téreraient bientôt et tomberaient avant leur maturité ; au contraire en le laissant entier, l'œil termi-

nal y maintiendra la vie, et les fruits arriveront à une parfaite maturité.

Le second rameau G a été taillé sur le troisième œil. Il eût été mieux, si cela avait été possible, de tailler sur le premier, parce que le rameau qui en serait résulté eût été plus avantageusement placé. Mais cet œil ayant pris le caractère de bouton, si l'on eût opéré ainsi, on n'aurait obtenu aucune production.

Le rameau placé au-dessous de E n'a subi aucune opération, parce qu'il est disposé de manière à pouvoir donner des fruits et à être remplacé ensuite par l'un des yeux placés à sa base.

Le rameau H peut fournir également du bois et des fruits, ses yeux étant accompagnés de boutons; chaque œil peut donner naissance à un rameau du 3ᵉ ordre. Mais ce n'est pas dans cette vue que je l'ai taillé dans le premier tiers de sa longueur, car tous ses yeux devront être pincés très sévèrement lors de leur développement, pour qu'ils ne puissent attirer que la quantité de sève nécessaire à la nutrition des fruits.

La branche n° 5 a été taillée à un pied de longueur ou environ, dans le but d'en obtenir une très grande quantité de fruits, ce qui a parfaitement réussi. Mais il eût été prudent de pincer les bourgeons placés à la partie supérieure de cette branche, pour les empêcher de se développer et de former des rameaux de la nature de ceux qui sont représentés. Ce manque de précaution aurait pu faire développer cette branche dans des proportions trop considérables, ou empêcher la croissance du rameau I. Cette branche ne se trouve dans la proportion où on la voit, qu'en raison de la quantité de fruits qu'elle a portés.

Son état actuel serait très propre à la formation d'une branche intermédiaire ; mais elle serait nuisible à celle n° 4, qui sera inclinée à l'angle de 75 degrés, pour lui laisser suffisamment de place ; la branche n° 5 sera retranchée sur le rameau I, qui, comme on le voit, a été taillé très long sous le rapport du fruit. Le rameau bifurqué qui se trouve à la base de cette branche ne diffère en rien de celui n° 1 ; je n'en dirai rien.

Le n° 6 indique une plaie produite par la suppression d'une branche coursonne qui formait probablement confusion.

Le n° 7 offre une branche coursonne très courte, laquelle porte deux rameaux, l'un du troisième ordre et l'autre du premier. Ce petit rameau doit être seul conservé, attendu que la branche coursonne n'est pas assez forte pour les alimenter tous deux. Comme celui du premier ordre est le plus rapproché de l'insertion de cette branche, on a dû le préférer, son œil terminal pouvant donner naissance à un bourgeon capable de constituer un excellent rameau pour l'année suivante.

Si ce rameau était au contraire du 2e ordre, comme cela se rencontre quelquefois, il faudrait en faire le sacrifice en ce que la presque totalité des yeux prend le caractère de boutons. Après la maturité des fruits, cette partie pourrait être frappée de stérilité , de pareils rameaux ne pouvant fournir à leur remplacement.

Le n° 8 peut être considéré comme gourmand , en raison de son volume et de sa position. Il est dû à la suppression d'une branche coursonne , à la base de laquelle existait probablement un œil inattendu dont on a voulu profiter pour rajeunir cette branche ; ce qui est très avantageux pour toutes celles de cette espèce. Mais pour celle dont il s'agit , il eût été prudent de pincer sévèrement le bourgeon qui s'est développé afin de l'empêcher de prendre une trop grande croissance. Ce rameau est taillé très court afin d'arrêter sa vigueur , et on ne devra rien négliger lors du pincement , sans quoi il pourrait se former une tête de saule , très dangereuse pour le bien-être de la mère-branche.

La branche n° 9 offre une bifurcation qui est le résultat de deux rameaux à fruits du 3ᵉ ordre , qui ont été taillés outre mesure, dans l'espoir d'obtenir une très grande quantité de fruits , ce qui ne se réalise pas toujours. Mais supposons que ce résultat soit obtenu, la branche en est appauvrie, ainsi que l'indique la figure. On avait eu cependant la précaution de pincer la presque totalité des bourgeons placés à la partie supérieure de cette branche , pour déterminer le développement de ceux placés à sa base ; mais l'art ne peut rien contre la nature ; les fruits abondans qu'elle a portés se sont emparés de toute la sève , et la branche a été mise à deux doigts de sa perte.

Au lieu d'adopter un aussi mauvais raisonnement,

il eût été prudent de tailler cette branche en crochet ;
c'est-à-dire que l'un des rameaux aurait été taillé long
pour avoir du fruit dans des proportions combinées
sur sa force, et l'autre très court, pour faire développer un rameau propre au remplacement. Dans
l'état actuel, si l'art ne vient pas prêter à cette
branche le secours d'une taille savante, elle périra
en peu de temps.

On pourrait cependant encore, telle qu'elle est,
obtenir quelques fruits sur une partie des rameaux
supérieurs ; mais la prudence exige que l'on répare
les fautes qui ont été commises. Le moyen d'y parvenir est de rapprocher cette branche sur les deux
petits rameaux qui se trouvent à sa base, et si chaque
œil terminal de ces rameaux paraissait ne pas prendre
assez de volume pour former un bourgeon propre à
la formation d'un rameau du troisième ordre, lors
de la taille en vert, on ferait la réforme du plus éloigné de l'origine de la branche, afin de conserver
toute la sève à l'autre.

Dans la *fig.* n° 10 on voit que l'ancien rameau
porté sur cette branche a été taillé dans une proportion tout-à-fait convenable, puisque, indépendamment des fruits qu'il a produits, l'un des yeux qui
étaient à sa base s'est développé de manière à servir
au remplacement. Il faut dire que cet œil, à l'état de
bourgeon, a été protégé par le pincement de ceux
qui étaient placés au-dessus.

Les opérations qu'exige cette branche se réduisent
à deux coups de serpette ; l'un consiste à faire la réforme de la partie qui a donné du fruit ; l'autre à

retrancher les deux tiers ou environ du rameau de remplacement, pour qu'il donne les résultats de son prédécesseur.

Le n° 11 étant en rapport avec le n° 6, j'y renvoie le lecteur.

Le n° 12 offre une branche où l'on voit le résultat de deux rameaux taillés en crochet. Il n'a pas été heureux parce que la branche coursonne n'était pas assez vigoureuse pour supporter une pareille charge. Il eût été prudent de traiter cette branche comme celle du n° 10 ; ou, au moins, si l'on eût voulu la tailler en crochet, on aurait dû diminuer la longueur du *manche* (si je peux me servir de cette expression) de trois ou quatre pouces, afin de n'avoir qu'une faible quantité de fruits.

Les opérations applicables à cette branche sont celles indiquées pour le n° 9.

Le n° 13 désigne une branche coursonne en très bon état. On voit qu'elle est taillée en crochet ; mais le manche de ce crochet a été taillé énormément long, puisqu'il a environ dix-huit pouces de longueur ; et cela par une raison que je vais expliquer.

Lors de l'opération, les deux rameaux de cette branche étaient dépourvus de boutons à leur base ; et, pour obtenir des fruits de l'un ou de l'autre, il a fallu en tailler un très long, puisque les boutons ne se trouvaient que vers la partie supérieure : en même temps j'ai éborgné les yeux dépourvus de boutons pour que la sève ne fût pas attirée dans cette partie, qui aurait pu se développer : l'autre rameau a été taillé sur les deux premiers yeux, et l'on en voit le résultat

Il s'agit maintenant d'opérer cette branche. On fera d'abord la réforme de la partie dénuée de rameaux, pour que la sève qu'elle consomme passe au profit de la branche qui alimente les deux rameaux qui, comme on peut le voir, seront également taillés en crochet. Cette branche pourra à l'avenir avoir une autre destination, en ce qu'elle se trouve dans une situation propre à la formation de la deuxième branche secondaire supérieure. Mais il ne faut pas se presser, attendu que plusieurs branches de cette nature pourraient nuire au prolongement de la mère-branche, et qu'il est assez temps de les multiplier lorsque la sève refusera d'alimenter son extrémité.

Le n° 14 représente une branche, résultat d'un rameau taillé extrêmement long. On eût dû le réduire de plus de moitié, afin d'exciter le développement des yeux placés à sa base, pour en obtenir un ou deux rameaux de remplacement. On a pu remarquer que c'était toujours là le point capital du travail de la taille ; aussi je répéterai ce que j'ai déjà dit en parlant des branches et rameaux de la charpente : si vos connaissances ne vous permettent pas d'apprécier avec exactitude l'état positif du rameau que vous opérez, *taillez plutôt un peu court que long;* si, par ce procédé, vous vous privez de quelques jouissances actuelles, vous en serez dédommagés plus tard.

L'opération qu'exige cette branche est d'en faire le rapprochement sur l'un des rameaux placés à sa base, et si le hasard voulait qu'il se trouvât dans cette partie un œil inattendu, il faudrait employer toutes les ressources de l'art pour le faire développer, en sacrifiant même les fruits.

Nous voyons que le n° 15 est une branche coursonne un peu longue et dénudée de rameaux. Elle porte l'empreinte de deux opérations, qui chacune ont produit le rapprochement dans les années précédentes ; un troisième va avoir lieu par la suppression de la partie qui a produit des fruits. Cette branche est assez forte puisque, indépendamment des fruits qu'elle a donnés, on voit qu'il s'est développé deux excellens rameaux à fruits du troisième ordre. Un seul de ces rameaux sera retranché en même temps que la partie épuisée, et l'autre taillé un peu court, afin de retenir la sève au profit du petit rameau placé à la base de cette branche et d'exciter le développement de son œil terminal, pour en obtenir un rameau de troisième ordre capable de remplacer toute cette partie.

Le n° 16 représente une branche coursonne très vigoureuse taillée en crochet. Il y avait à craindre qu'elle ne prît trop de développement, ce qui serait arrivé si on ne lui avait laissé qu'une petite quantité de fruits ; mais cet inconvénient a été prévu, et l'on a taillé un de ses rameaux très long pour que les fruits qu'il conserverait pussent atténuer sa trop grande vigueur ; on a eu aussi grand soin de pincer tous les bourgeons naissant sur cette partie, afin d'être plus sûr d'atteindre le but proposé. Tout cela a réussi, parce que cette branche a été privée d'une grande partie des organes nécessaires à son développement, et qu'elle n'a conservé que quelques feuilles éparses, mais indispensables à la croissance des fruits.

Le rameau à fruit du troisième ordre est le résultat du crochet établi à la base de cette branche. Lors de l'ébourgeonnage on eût pu laisser sur cette partie deux rameaux semblables à celui du n° 13 ; mais on a excité son développement, ce qu'il fallait éviter par toute sorte de moyens, d'autant plus qu'elle se trouve, pour ainsi dire, opposée à une branche secondaire inférieure. Toutes ces opérations ont rendu cette branche plus docile, parce que son écorce est devenue plus ligneuse et par conséquent moins susceptible de se dilater par l'affluence de la sève. Le travail à faire sur cette branche est marqué par un trait, ce qui me dispensera d'entrer dans plus de détails.

Le n° 17 représente une branche coursonne peu vigoureuse qui, comme on peut le voir, a été chargée d'une certaine quantité de fruits. Malgré cela elle a donné naissance à deux rameaux en assez bon état. Après avoir réformé la partie qui a donné du fruit, on taillera le plus grand de ces rameaux sur deux yeux, afin d'exciter le développement de l'œil terminal du plus petit, et en obtenir un rameau de remplacement.

Le n° 18 offre le résultat d'un rameau taillé très court, parce qu'il semblait menacer l'existence de la branche-mère. Ce rameau a pu d'abord être considéré comme gourmand, c'est pourquoi on l'a taillé au point de sa naissance, en ne lui conservant, pour ainsi dire, que sa couronne, afin de diminuer sa vigueur. On a eu soin aussi de pincer sévèrement les bourgeons qui se sont présentés sur cette partie, afin d'empêcher leur développement. On voit que cette opération a donné lieu à plusieurs ramifications, et on peut juger ce qu'il faut y faire pour obtenir des fruits. Si, pendant le cours de la sève, quelques-uns des yeux placés sur ces différens rameaux venaient à se développer avec trop de force, on aurait soin de les pincer ; mais il est probable qu'on en sera dispensé par la quantité de fruits qui s'y trouve, qui suffira sans doute pour diminuer cette vigueur.

Le n° 19 offre une branche qui a été taillée en proportion de sa vigueur ; néanmoins elle offre à sa base un empatement assez considérable, qui, joint à ce qu'elle est elle-même assez renflée, donne lieu de craindre que son accroissement augmente encore. Il est vrai qu'il serait facile de diminuer sa vigueur, en employant les différens moyens que j'ai indiqués à cet effet ; mais il serait fâcheux de dépouiller cette branche de la plupart des organes qui assurent sa vie, ce qui détruirait les fruits qui y sont naturellement disposés : ce sont ces derniers qu'il faut employer pour arrêter son trop grand développement. Pour cela on conservera tous les petits rameaux capables de porter fruits. Le plus vigoureux, qui se trouve placé près de l'insertion de cette branche, sera taillé sur les premiers yeux, afin de servir au remplacement de la partie qui sera réformée ensuite.

Le n° 20 indique une branche coursonne qui est sur le point de se trouver dépourvue de rameaux, dans une longueur d'à peu près six pouces, ce qui est un très grand inconvénient, qu'il faut tenter de réparer, en taillant très court le rameau qu'elle porte.

afin que la sève qui séjourne dans cette branche puisse déterminer la sortie de quelques yeux latens qui pourraient se trouver à sa base. S'il en sortait un, on en profiterait, aussitôt qu'il serait apparent, pour rapprocher la branche sur cette nouvelle production, ce qui se pratique le plus souvent à la taille en vert.

Le n° 21 représente un rameau à fruits du 3e ordre qui est en très bon état ; ce rameau ne sera pas taillé très long, ainsi qu'on peut le remarquer, dans la crainte qu'il vienne à s'emporter en raison du petit coude sur lequel il se trouve placé.

Le n° 22 représente un rameau dont on a trop retardé le pincement, puisque le but proposé ne s'est réalisé que superficiellement, en ce qu'il y a trop de développement dans cette partie ; ce qui a mis dans le cas de renouveler la même opération, mais encore trop tard [1], et l'on n'a pu réparer les défauts de ce rameau. C'est pourquoi on devra le tailler avec beaucoup de soins, pour lui laisser peu d'organes propres à son développement. Si l'on peut y faire naître une certaine quantité de fruits, ce sera une garantie sûre de l'opération, en ce qu'ils serviront à absorber la surabondance de la sève.

Les deux rameaux 23 et 24 resteront sans être tail

---

(1) Ces fausses opérations ont fait dire à quelques auteurs que le pincement était inutile et souvent nuisible, en ce qu'il fait naître souvent d'autres bourgeons qui ne font qu'accroître le développement de la partie opérée. Il est vrai que l'on ne peut être trop exact sur cette opération, qui doit se faire lorsque les bourgeons ont acquis la longueur de cinq pouces ou environ. (*Voyez pincement.*)

lés parce qu'ils ne portent que peu d'organes nécessaires à leur développement, puisque la plus grande
partie des yeux a pris le caractère de boutons.

Quant aux rameaux chargés de continuer le prolongement de la mère-branche, je crois en avoir suffisamment parlé pour me dispenser de décrire ici
leurs caractères et les principes de la taille qu'ils doivent recevoir.

J'ai cru devoir terminer ici les détails des opérations à faire sur l'arbre de la *pl.* 3 parce que toutes
celles qui restent à décrire ont déjà été expliquées.
Je ferai seulement remarquer une branche secondaire épuisée, placée inférieurement à la sous-mère-
branche n° 26. Il aurait fallu prévenir cet affaiblissement par une taille très modérée. Il est vrai
que l'on a prévu que cette branche était sur le
point de devenir inutile, en raison de sa position :
mais il eût été mieux d'entretenir sa vigueur, en
cherchant à ne lui faire porter qu'une petite quantité de fruits. La conséquence de ce principe est que
si cette branche fût restée vigoureuse, sa suppression eût été d'un grand secours à celle qui l'alimente,
en lui rendant une certaine quantité de sève nécessaire à sa prospérité ; ce qui ne peut plus être fait,
puisqu'elle est déjà trop faible pour se suffire.

Cette branche devra être supprimée dans presque
toute sa longueur, comme le seul moyen de la raviver un peu.

Remarquons encore un rameau très vigoureux
placé à la base de la sous-mère-branche, n° 27. Ce
rameau ne sera pas taillé pour qu'il prenne encore

plus de développement, ce qui est à espérer, son extrémité étant bien charnue, et garnie d'yeux prononcés.

Toutes les fois que de tels rameaux se présentent, l'on devra apporter le plus grand soin à leur conservation, afin de les utiliser pour la formation d'une branche secondaire, capable ensuite de servir, au besoin, au remplacement de la sous-mère.

Tout ce que j'ai dit jusqu'à présent des opérations relatives au pêcher, convient parfaitement à tous les arbres de cette nature qui ont été dirigés par une main habile. Mais il n'en est pas de même à l'égard de ceux qui ont perdu leur forme, ou qui, pour mieux dire, n'en ont jamais eu, ce que je remarque assez souvent dans les jardins où je suis appelé pour leur restauration.

De tels arbres cependant ne doivent pas être jetés au feu, et toutes les fois qu'il leur reste de la vigueur, on doit essayer de les rétablir. Pour cela on cherche à obtenir une certaine quantité de fruits sur le peu de rameaux capables d'en donner [1], car ils sont toujours peu nombreux, n'étant alimentés que par des branches grêles et dépourvues elles-mêmes de toutes productions dans la longueur de plusieurs pieds. On pense bien que dans le nombre de ces branches, il en est beaucoup qui se trouvent épuisées sans ressources. Elles forment en général beaucoup de con-

---

[1] Les rameaux à fruits du 2ᵉ ordre, qui en général se trouvent en grand nombre sur de tels arbres, doivent être tous réformés, ainsi que les branches qui les alimentent, étant considérés comme branches épuisées

fusion, aussi doit-on les réformer, afin que le peu de sève qu'elles absorbent, puisse arriver aux rameaux réservés, qui, pour la plupart, seront à bois, taillés très long, ou conservés entiers, afin d'employer la sève qui s'y portera.

Ces rameaux seront espacés convenablement, afin que par leur ensemble ils puissent se rapprocher autant que possible de la figure que j'ai donnée.

Si deux rameaux à bois se présentaient sur le tronc ou dans son voisinage, on y trouverait un moyen plus sûr d'arriver à cette forme. Ces deux rameaux à bois seraient considérés comme les deux mères-branches d'un arbre naissant, auquel on appliquerait pendant tout le temps de sa formation les principes déjà indiqués.

On conserve les anciennes branches dans la proportion de leur vigueur, en cherchant à en obtenir le plus de fruits possible sans égard pour leur conservation ; c'est-à-dire que la plus grande quantité de rameaux réservés sur ces branches seront taillés en toute perte, dans la vue d'épuiser toutes ces parties, afin de faire place à celles qui sont disposées à les remplacer. Le reste des opérations aura lieu suivant les principes que j'ai donnés précédemment.

Telles sont les règles applicables à la taille du pêcher en éventail, comme étant la seule forme qui lui convient, quoi qu'en disent quelques personnes, qui prétendent que l'on peut lui faire prendre toute espèce de formes. Cela est vrai jusqu'à un certain point; mais la plupart de toutes ces formes bizarres ne leur laissent qu'une existence momentanée, en comparai-

son de ce qu'ils pourraient vivre dirigés en éventail.
Il est vrai aussi que l'exposition favorable, et un terrain riche en qualités convenables, peuvent influer
d'une manière remarquable sur la longévité. On voit
encore dans d'anciens jardins plusieurs pêchers taillés en palmette, par des mains assez peu habiles, et
qui cependant existent depuis plus de soixante ans.
Ce n'est pas que j'attribue cette longue existence à
la forme en palmette, mais bien à la bonté du terrain dans lequel vivent les racines.

Il existe auprès de Poissy, entre Vilène et Medan,
une vallée située à l'est, parfaitement garantie des
vents d'ouest par un coteau couronné d'arbres de
diverses essences ; on y trouve une foule de pêchers,
connus dans le canton sous les noms de la *petite
rouge* (notre petite mignonne) ; la *grosse rouge* (notre
grosse mignonne) ; la *petite blonde* (notre chevreuse) ;
la *grosse blonde* (notre bourdine). Ces quatre espèces
sont greffées rez de terre sur amandiers, produits
d'amandes semées en place. Ces arbres ne sont jamais
taillés, et donnent abondamment des fruits de première qualité à la troisième année; productions qui se succèdent pendant quarante ou cinquante ans. Ces arbres
prennent un volume considérable ; en 1825, j'en ai
mesuré dont le tronc avait trois pieds de circonférence, et qui ne présentaient cependant aucun indice
de vétusté. Je ne doute pas qu'on puisse trouver au
centre de la France beaucoup de localités où l'on
obtiendrait de semblables résultats. M. Lelieur, dans
sa *Pomone française*, cite, sous ce rapport, Corbeil,
Bris, Melun, Thomery, où il dit avoir vu des pê-

chers francs de pied. J'ai comparé aux espèces que
je viens de citer, l'espèce acerbe et de peu de qualité, connue sous la dénomination de *pêche de vigne*;
je pense qu'il y aurait un grand avantage à la remplacer par les premières, qui élevées de la même manière, deviendraient, comme à Vilène, un objet de
spéculation important. Il n'est pas rare d'y voir des
propriétaires qui, dans des années d'abondance,
tirent 4 ou 5,000 francs de leurs pêchers; c'est au
point enfin que la culture des vignes dans lesquelles
croissent ces pêchers est, pour ainsi dire, abandon-
née, et toujours sacrifiée au profit de ces arbres.

Je terminerai enfin par une dernière recomman-
dation; c'est que les pêchers que l'on cultive en espaliers devront être détachés du mur depuis la fin
d'octobre jusqu'au 15 janvier; alors il sera bon de
les y fixer pour les garantir de l'humidité et des frimas.

§ II. Taille en éventail sur abricotier.

La création des branches qui constituent la charpente des abricotiers s'opère par les mêmes principes que ceux que j'ai décrits pour le pêcher; seulement les branches secondaires devront être plus
rapprochées puisque leur espacement sur les branches-mères ne devra être que de 15 à 20 pouces,
afin qu'étant inclinées l'une sur l'autre, elles soient
encore éloignées de 8 à 10 pouces. Elles ne devront
avoir que peu ou point de bifurcations; et on ne devra
chercher à protéger ces branches que dans la partie
inférieure, jusqu'à ce que les mères-branches soient
arrivées sous le chaperon et inclinées à l'angle de

50 degrés [1]. Dès lors on choisira une branche coursonne supérieure sur l'une des ailes, et l'on fera en
sorte qu'une autre lui corresponde à l'autre aile ; ces
deux branches seront transformées en branches secondaires, en leur donnant un peu d'extension, pour
pouvoir les conduire comme je l'ai dit pour la formation des mères-branches du pêcher.

Quant aux branches coursonnes, les opérations
qu'elles nécessitent ne ressemblent en rien à celles qui
ont lieu sur le pêcher. On est rarement obligé de
veiller à leur remplacement ; la nature y pourvoit
le plus souvent. Cependant ces branches recevront
des rapprochemens ou d'hiver ou d'été, comme je
l'ai indiqué en parlant du pincement, afin de chercher à ce que la branche soit le plus court possible. Mais il est rare que l'on soit embarrassé pour
cette opération, parce que dans le cas où plusieurs
de ces branches se trouveraient trop longues ou
même épuisées sans ressources, il suffira de les rapprocher près de leurs couronnes, dans lesquelles il se
trouvera quelque œil inattendu, qui se développera
bientôt et donnera naissance à plusieurs bourgeons ;
parmi eux on en choisira un pour les reproduire.
Il arrive cependant que lorsque les branches qui
composent la charpente prennent de l'âge ou un
trop gros volume, les branches coursonnes ne veu-
lent plus se reproduire ; ce qui force quelquefois à
recéper ces arbres, opération dont ils s'accommodent

(1) Voyez la figure du poirier *pl.* 4, dont la charpente ne diffère
pas de celle d'un abricotier et d'un prunier, ce qui fait que je n'ai
point dessiné de figures pour ces derniers.

assez bien, et qui les rétablit promptement. En faisant aux abricotiers l'application des principes que j'ai posés pour le pêcher, je suis dispensé d'entrer dans de plus longs détails.

§ III. Taille en éventail sur prunier.

Cette taille ne diffère de celle pour abricotiers, que parce que les branches coursonnes durent peu de temps et ne se reproduisent que très rarement ; aussi le centre des arbres conduits ainsi se dégarnit promptement. Cette forme n'est en usage que pour un petit nombre d'espèces ou variétés que l'on peut réduire aux suivantes : savoir la *prune pêche*, la *mirabelle*, la *reine-claude ordinaire* et la *violette*. Cette dernière surtout se montre la plus docile, ses branches coursonnes sont plus trapues et se maintiennent le plus long-temps en santé. Du reste, les trois premières espèces doivent avoir la préférence, sous le rapport de la précocité; on peut donc en planter quelques pieds en plein midi, surtout dans les pays froids, où les brouillards et les gelées tardives peuvent détruire trop souvent la récolte des arbres en plein vent.

Je ne répéterai pas ce que j'ai dit en parlant de l'abricotier, et qui est applicable aux pruniers; je ferai remarquer seulement que, dans un terrain également convenable à ces deux genres d'arbres, le prunier pousse avec plus de vigueur les rameaux disposés au prolongement des branches secondaires; devront être alors taillés beaucoup plus long, et dans beaucoup d'occasions on pourra même les laisser entiers. On peut aussi recéper le prunier quand il donne des

§ IV. Taille en éventail sur cerisier.

Cette taille n'est en usage que pour quelques espèces des plus hâtives. La *cerise hâtive d'Angleterre* est
presque la seule que l'on cultive ainsi à l'exposition
du midi, où elle donne des résultats satisfaisans,
pourvu toutefois que la terre soit de nature convenable. On pourrait employer plus fréquemment cette
forme à l'égard de quelques espèces tardives à l'exposition du nord.

Les opérations applicables à cet arbre sont simples. Elles consistent à l'établir sur quatre branches par les procédés indiqués pour le pêcher ; ensuite les branches secondaires, selon la figure du
poirier, *pl.* 4, mais plus rapprochées l'une de l'autre.
Pour les obtenir ainsi, les mères-branches devront
être taillées assez court, ensuite les branches secondaires ne devront être *ébouclées* que dans le cas où
elles paraîtraient devoir dominer celles du même
genre qui, pour la plupart, resteront sans être taillées. Ces arbres, bien palissés, sont d'une élégance ad-
mirable. Pendant l'été on pincera avec soin tous les
bourgeons qui se trouveraient sur le dessus des branches, et qui paraîtraient devoir les dominer : il en
sera de même de ceux qui poussent en avant. Si cette
opération était faite trop tard, il faudrait ébourgeonner, comme je l'ai indiqué pour le poirier et le pommier, mais sans attendre que les bourgeons aient pris
le caractère de rameaux. Enfin le palissage fixera tous
les bourgeons réservés pour le prolongement de
chacune des branches

§ V. Taille en éventail sur poirier.

Avant de parler de la taille des poiriers, je dois dire un mot de leur plantation, sans cependant traiter de la nature des terres la plus convenable, ces connaissances étant familières à toutes les personnes qui s'occupent de culture. De plus on tient à avoir des poiriers dans tous les terrains, ce qui nécessite souvent des dépenses assez considérables causées par les transports ou les défonçages de terres que l'on est quelquefois obligé de faire pour suppléer à la mauvaise qualité du sol. Mais dans le cas où l'on serait forcé d'employer l'un ou l'autre de ces moyens, je conseillerais de faire des tranchées longitudinales, de manière que les racines des arbres que l'on se propose de planter puissent se communiquer sans cependant se nuire. Les trous que l'on fait ordinairement n'ont pas cet avantage, à moins qu'ils ne soient d'une dimension démesurée. On devra donc toujours préférer des tranchées, dussent-elles être étroites et peu profondes ; du reste, l'exploitation, au moyen des trous, est toujours plus difficile à effectuer. C'est au propriétaire à calculer, en remarquant toutefois qu'il n'y a point d'économie à faire dans la plantation des arbres soumis à la culture jardinière, et pour une partie de ceux qui appartiennent à l'économie rurale. Aussi le savant Thouin, lors de ses leçons pratiques, recommandait à ses nombreux auditeurs de planter *richement*, c'est-à-dire que, lorsque l'on destine un terrain à recevoir tel ou tel arbre, on doit porter ses soins, non-seulement à l'opération présente, mais encore réfléchir aux résultats futurs. Ainsi les arbres devront toujours être jeunes, ou au moins vigoureux et bien arrachés.

Le mode de plantation n'est pas non plus sans importance, quoique la plupart de nos agronomes donnent à ce sujet un précepte dont il est difficile de s'écarter, et qui est de ne jamais enterrer le point où la greffe a été faite. Cependant je n'admets ce précepte que pour des cas particuliers, et que je vais expliquer.

Dans les terrains secs on devra maintenir le point de la greffe à un pouce et demi à deux pouces au-dessous du niveau du sol, afin de pouvoir former un auget de cette profondeur, qui découvrira la greffe. Dans les terres froides et humides, il est nécessaire d'agir d'une manière opposée, afin que la greffe soit de deux pouces et plus au-dessus du niveau de la terre, ce qui nécessite quelquefois une espèce de butte pour couvrir les racines qui se trouvent près de la greffe. D'après cela, on peut conclure que pour les arbres qui seront plantés dans un sol tenant le milieu entre ces deux extrêmes, la greffe devra être au niveau du terrain [1]. Les poiriers destinés à former des éventails sont plantés auprès des murs pour y être fixés par les moyens connus.

Les espèces le plus généralement employées pour être mises en espalier le long des murs, sont le *bon-chrétien d'hiver*, le *colmar et variétés*, *la marquise*, *la*

____

(1) On devra prendre en considération l'affaissement du terrain, qui sera plus ou moins considérable en raison de sa nature, et de la quantité remuée.

rajul d'hiver, plusieurs espèces de *beurré*, *le saint-germain*, les différentes espèces de *doyenné*, *bezi de la-Motte*, *bezi Chaumontel*, *virgouleuse*, etc. L'exposition la plus chaude devra être réservée pour le bon-chrétien, à qui elle convient seule dans le nord et au centre de la France. Les autres espèces que je viens de citer s'accommoderont d'autant mieux des autres positions, que le terrain sera d'une bonne nature. Parmi ces espèces, celles qui peuvent résister au nord et au couchant et donner encore quelques produits utiles, sont *le saint-germain*, *la crassane*, *le beurré gris d'Amboise*, *le beurré d'Aremberg* et *la virgouleuse*. Cette dernière ne peut occuper d'autres positions sans être exposée à de grandes avaries ; on peut ajouter au nombre que je viens d'indiquer, la plus grande partie des espèces hâtives. On peut aussi cultiver des poiriers en éventail le long des plates-bandes qui entourent les carrés. Pour cet effet ils seront fixés sur des treillages qui devront être maintenus avec des pieux en acacias, si cela est possible, parce qu'ils durent quatre ou cinq fois plus que ceux faits même en chêne.

Avant d'entrer en matière, je ferai remarquer le poirier figuré *pl.* 4 ; cette figure représente la 11° taille sur un sujet qui a reçu deux greffes.

Je n'ai pas cru devoir figurer toutes les tailles précédentes, parce que je n'aurais fait que répéter, à quelques modifications près, ce qui a été dit pour le pêcher ; je pense que le lecteur pourra facilement s'en rendre compte sans autre secours.

Cet arbre, vigoureux jusqu'alors, n'a encore éprouvé que des avaries peu sensibles, et qui n'ont apporté aucun obstacle à sa formation. Ici, comme dans le pêcher, il faut s'occuper avec soin des mères-branches et sous-mères, ainsi que de l'importance des branches secondaires placées inférieurement, et appliquer à la pratique la théorie que j'ai précédemment exposée. La seule différence est dans le rapprochement des branches qui sont placées sur leurs mères à la distance d'un pied ou environ ; de manière qu'étant inclinées, comme l'indique la figure, elles n'ont plus qu'un espacement de six pouces environ, ce qui suffit pour le développement des branches à fruits dont chacune d'elles se trouve garnie.

Maintenant je vais exposer succinctement la marche progressive de chacune des tailles appliquées à cet arbre, en admettant que la suppression de la tige ne doit pas faire partie de la taille, parce que cet arbre a reçu deux écussons opposés qui ont formé le point de départ. La première taille a eu lieu, comme on peut le voir, à cinq pouces du tronc. Elle a donné naissance à la sous-mère branche L, et à la continuation de la branche E [1]. La seconde taille a eu lieu sur chacune d'elles, et on remarque que la mère-branche a été taillée assez court, afin de lui laisser peu d'organes propres à attirer la sève. Indépendamment de cette taille, on a eu l'attention de ne pas lui laisser de bifurcation. Il n'en est pas de même de la sous-mère qui, comme on peut le voir, a été taillée un

---

[1] De même ici je ne parle que d'un côté de l'arbre, chaque aile devant être uniforme.

peu long dans le but d'avoir une plus grande quantité d'yeux propres à attirer la sève. On voit qu'un de ces yeux a été disposé pour donner naissance à la branche secondaire inférieure S.

Il est probable qu'au moment de la troisième taille on a trouvé que l'arbre n'avait poussé que faiblement, ou, dans l'intention de donner plus de développement à la branche S, on a fait enfin cette troisième taille assez court. Néanmoins on a cherché, en même temps, à obtenir, sur la mère-branche, la première branche secondaire inférieure, dont la réforme a eu lieu depuis, ainsi qu'on peut le voir. La sous-mère a été taillée dans la vue seulement de la continuer, ce qui a aussi déterminé le développement complet de la branche secondaire S. Cette branche, comme toutes celles de ce genre qui sont représentées graduellement, a été taillée chaque année de manière à ce que tous les yeux qui s'y trouveront puissent se développer pour former des dards et des brindilles, afin que chacun de ces produits puisse se couronner par un bouton, et, par suite, former des branches à fruits. Les différens moyens d'obtenir ce résultat seront développés en parlant de la onzième taille.

La quatrième taille sur la mère-branche et sur la sous-mère a été établie assez près de la troisième, dans la vue de fortifier l'arbre dans toutes ses parties, et de donner naissance aux deux branches K et R, qui se sont développées d'autant plus vigoureusement que la sève a été jusqu'à ce jour assez concentrée. On voit ici combien la sous-mère branche a pris d'ascendant sur la mère, mais il sera toujours temps de lui retirer cette prépondérance par l'effet de l'angle qu'elle occupe dans ce moment.

Comme il est probable que l'arbre était vigoureux lors de la 5ᵉ taille, c'est-à-dire que la plus grande partie des rameaux terminaux de chacune des branches avait la longueur de trois pieds ou environ, on a pu l'établir à douze ou quatorze pouces ou environ de la quatrième ; ce qui a donné lieu aux deuxièmes branches secondaires J et Q.

La sixième taille a été faite assez court, comme on peut le voir, sur la mère-branche, et sans chercher à la bifurquer. Il est à supposer que la branche secondaire J n'avait pas pris alors le développement désiré, et qu'il eût été imprudent d'attirer la sève dans la mère-branche. C'est en la taillant court, comme on peut le voir, que l'on est parvenu à déterminer la sève à passer dans la branche J. Il est vrai que celle-ci a été taillée long pour développer une assez grande quantité d'yeux capables d'attirer la sève. On a de plus incisé l'écorce dans le voisinage de son insertion, et en-dessous, afin de la détendre et de donner un libre cours à la sève.

Quant à la sous-mère branche, on a opéré la 6ᵉ taille dans le but d'obtenir le prolongement de cette branche et la naissance d'une branche secondaire inférieure, qui a été ensuite réformée pour diminuer la confusion qui se faisait remarquer parmi ces différentes branches ; car il est nécessaire de laisser un peu plus d'espace dans cette partie que sur celles du même genre appartenant à la mère-branche.

La 7ᵉ taille ne diffère en rien des 8ᵉ et 9ᵉ. Chacune d'elles a donné naissance à des branches secondaires, dont celles de la branche sous-mère sont un peu moins vigoureuses que celles de la mère-branche : c'est pourquoi, en opérant chacune de ces branches en particulier, on diminue les branches à fruits sur celles qui sont faibles, et on s'efforce d'en faire naître une grande quantité sur celles qui sont vigoureuses. Je reviendrai sur ce sujet en parlant de la dernière taille.

Il nous importe de bien connaître les résultats de la 10ᵉ taille, avant de nous occuper de l'application de la 11ᵉ. Nous devons d'abord considérer l'arbre dans son ensemble, en nous rendant compte de l'état de sa végétation, pour reconnaître si nous devons avoir recours à quelques-uns des moyens que j'ai indiqués pour équilibrer la circulation de la sève ; ensuite nous examinerons chaque branche en particulier.

La mère branche E est la première qui va fixer notre attention. Nous remarquons que la 10ᵉ taille a donné naissance à un rameau très propre à la continuation de cette branche, et un second convenable pour former la branche secondaire F. Elle a également produit plusieurs autres rameaux, dont l'un inférieur a été coupé, lors du palissage, à trois pouces ou environ de sa naissance, afin d'éviter la confusion qu'il aurait occasionnée. Je ferai aussi remarquer une plaie un peu au-dessous de ce point et en sens opposé. C'est le résultat de l'amputation d'un bourgeon qui paraissait devoir s'opposer à la croissance du rameau F. Si le bourgeon dont je parle eût été pincé comme celui placé au-dessous, ou plus sévèrement encore, on n'eût pas été obligé d'en faire l'amputation, et il aurait pu former une branche à fruits utile, ainsi qu'il en a été de celui qui est au-dessous. Plus bas, et dans le même sens, on remarque une autre production qui est aussi le résultat d'un pincement fait à propos, et qui a donné naissance à deux petits dards propres à établir une branche à fruits. Plus bas encore on remarque un autre rameau encore peu vigoureux; mais si l'on fait attention à son empatement sur la mère-branche, on peut dès lors juger qu'il en menacera l'existence. C'est pourquoi il faut le tailler court et avoir soin de pincer sévèrement les bourgeons qui pourraient y croître. Ce rameau aurait dû être pincé lorsqu'il était encore à l'état de bourgeon de la longueur de 3 à 4 pouces.

Il reste à opérer les deux rameaux E F. Ce dernier a été taillé un peu long, dans la vue d'assurer son parfait développement; l'œil terminal étant placé devant, le succès en sera encore plus certain. Le rameau E a été taillé assez court pour appuyer le premier moyen. Cette opération empêchera que l'œil destiné à la création d'une branche secondaire, semblable à celle déjà formée, ne puisse se trouver placé à une distance aussi régulière que celles qui sont représentées. Les deux petits rameaux placés au-dessous de celui F resteront sans être taillés, dans la vue d'en faire des branches à fruits; mais le plus fort ne peut être considéré comme brindille ou lambourde : on éborgnera l'œil terminal, afin que la sève soit retenue au profit des yeux latéraux.

Quant à la branche G, on peut supposer qu'elle

a été taillée un peu court, attendu que le rameau propre à sa continuation est très vigoureux, quoiqu'il se soit accru en-dessous, ce qui vient à l'appui de mon opinion ; d'un autre côté, plusieurs productions qui ont subi diverses opérations, se sont également formées sur cette branche et confirment la réalité du fait. Si l'on peut parvenir à y faire croître plusieurs dards et brindilles, on aura grand soin de les conserver, afin que les fruits qu'ils donneront puissent absorber la surabondance de sève. Le rameau destiné à la prolongation de cette branche a été taillé assez long, dans la vue d'arriver plus vite à ce résultat.

La branche H est d'une constitution faible ; aussi l'a-t-on taillée un peu long sur un œil placé dessus, dans l'intention de lui donner de la vigueur ; mais il faudra prendre garde d'y laisser croître une trop grande quantité de rameaux et branches à fruits ; il serait même prudent de diminuer déjà la longueur de ceux qui existent. Cependant, comme cette branche est alimentée par la mère-branche qui est vigoureuse, on ne doit pas craindre son affaiblissement, et l'on peut y laisser pour le moment tout ce qui a été réservé par la taille.

On voit que la branche I est dans un état parfait de végétation ; seulement le rameau terminal de cette branche est en-dessus, ce qu'on aurait dû éviter. Mais il a pu arriver que l'œil qui avait été choisi à cet effet ait éprouvé quelque avarie, comme celui de la branche P, ce qui aura forcé, lors du pincement ou de l'ébourgeonnage, de se reporter sur celui qui existe dans le moment. Comme ce rameau offre un petit coude assez désagréable, et que celui qui est placé inférieurement, quoique faible, peut le remplacer, on réforme le plus fort, et pour faciliter le développement du second on le laisse entier. Il est vrai que l'on s'expose à ce que plusieurs de ses yeux restent latens, ou s'annulent complètement; mais comme la suppression proposée donnera à ce rameau une assez grande quantité de sève, il y a lieu d'espérer que l'annulement des yeux ne sera que partiel. L'on voit, sur la partie supérieure de cette branche, que plusieurs pincemens ont été opérés, et ont donné des résultats satisfaisans. Aucune des branches à fruits placée sur celle-ci n'éprouvera de diminution; un petit rameau placé inférieurement est le seul qui sera taillé sur les deux premiers yeux, avec la précaution d'éventer le terminal pour qu'il ne prenne que peu de développement.

La branche J est de même dans un état parfait de végétation, mais chargée d'une infinité de boutons vigoureux. Il est prudent de faire la réforme de quelques-uns, non pas précisément dans la crainte d'affaiblir la branche en les laissant, mais bien pour se réserver des boutons l'année prochaine. Ce n'est pas toujours la grande quantité de ces produits qui donne le plus de fruits, ce qui semble justifié par l'axiome *la grande bande rend les étourneaux maigres*. En effet, si un arbre en bon état a un trop grand nombre de boutons, il s'épuise pendant la floraison, et si la moindre circonstance défavorable survient, on voit tomber tous les fruits ; ce qui n'aurait pas eu lieu si on avait supprimé un certain nombre de boutons. Il est difficile de déterminer dans quelle proportion ces boutons doivent être conservés ; l'opération dépend toujours de la vigueur de l'arbre en général, et de celle de la branche en particulier. On peut cependant établir des données approximatives. On sait que chaque bouton contient de 6 à 10 fleurs terme moyen, et comme il est prudent d'avoir plus de fleurs que l'on ne doit espérer de fruits, on devra laisser autant de boutons sur une partie, que l'on suppose qu'elle peut porter de fruits. Par ce moyen on évitera beaucoup d'erreurs. C'est pour cela que j'ai réformé plusieurs boutons, en faisant le rapprochement de quelques branches à fruits. On remarque que le rameau qui termine cette branche est assez bien constitué, sans être de la première vigueur ; il a été taillé d'une moyenne longueur. Il est fâcheux que l'œil terminal soit un peu en dessus. L'autre petit rameau inférieur a été taillé de manière à en faire une branche à fruits.

Passons à la branche K. Si on en remarque l'ensemble, on voit qu'elle est pourvue d'une trop grande quantité de branches à fruits, ce qui occasionne déjà l'affaiblissement du rameau destiné au prolongement de cette branche. Aussi pour le raviver on a fait une grande réforme parmi ces branches. Je ne ferai pas l'énumération de chacune d'elles, parce que ce serait répéter ce que j'ai dit en décrivant la branche J. Je m'occuperai seulement ici des deux rameaux placés vers l'extrémité de cette branche. Le rameau destiné à son prolongement a été taillé un peu long et sur un œil placé devant, afin d'obtenir plus d'accroissement; l'autre partie, qui lui est inférieure, a été disposée pour une branche à fruits. Avant de quitter cette branche, je ferai remarquer un peu au-dessus de sa naissance, et sur la mère-branche, une plaie qui a été faite dans l'intention de faire passer plus de sève à son profit. Cette pratique ne doit être employée que dans des cas extraordinaires; cependant on en obtient de bons résultats, surtout lorsque l'on incise les écorces des branches dont on veut faciliter le développement.

La sous-mère-branche L paraît être dans un bon état de végétation, ainsi que toutes ses branches secondaires. Je ferai remarquer que plusieurs branches à fruits placées à la partie basse, et en dessus, ont déjà subi des opérations assez fortes pour empêcher leur trop grand développement. Ceci sera commun à toutes celles de ce genre, dans quelque sens qu'elles soient placées, parce que l'on doit veiller à ce qu'elles soient aussi courtes que possible [1]. Néanmoins on remarque près de la 6ᵉ taille une branche secondaire inférieure, qui, comme on peut le voir, a été retranchée sur deux branches à fruits; l'une d'elle semble se porter à bois, ce qui est l'effet du retranchement : il faut alors faire porter autant

---

(1) Pour remplir ce but je ferai remarquer que plusieurs bourgeons échappés des bourses, ou de quelques productions de même nature, ont été pincés de la manière que j'ai indiquée à l'article du *pincement*, ou cassés par le procédé du prétendu ébourgeonnage, trop répandu, ainsi que je l'ai déjà dit. La différence de ces deux opérations ne peut se reconnaître à cause de la petitesse des figures ; mais le lecteur sentira sans doute l'importance de la première, avant même de l'avoir mise en pratique.

de fruits à cette branche que cela est possible ; c'est
pourquoi le rameau qui s'est développé restera sans
être taillé, à l'exception de l'œil terminal qui sera
éborgné, puisqu'il n'est pas à fruits. On aura aussi
grand soin de pincer les bourgeons latéraux, qui
pourraient se développer trop vigoureusement vers
la partie de son extrémité. Cette branche se char-
gera alors de beaucoup de fruits, mais elle ne restera
dans cet état que momentanément, parce qu'ayant
été affaiblie par cette grande production, on pourra
en faire le rapprochement sans danger. Si cette branche occupait une place plus aérée, ce résultat serait
incertain, en ce que les bourgeons pourraient pousser plus vigoureusement. Il faudrait donc être très
attentif au moment de leur développement pour les
pincer très soigneusement. Le reste des opérations sur
ces sortes de branches n'ayant rien de remarquable,
occupons-nous de celles qui conviennent au rameau
destiné à prolonger la branche L. L'on voit que ce rameau a été obtenu d'un œil supérieur. Dès lors il en
est résulté un petit coude, ce qui est aussi la cause
de l'affaiblissement du rameau destiné à la création
de la branche secondaire M. Mais comme cette branche serait un peu près de celle N, on en fera le sacrifice en la taillant sur lé premier œil, avec la précaution de faire la coupe un peu près de cet œil,
afin de l'éventer assez. La sève destinée à ce rameau passera au profit de celui L, qui est taillé très
court afin de créer un rameau dans une position nécessaire à la formation d'une branche secondaire, en
remplacement de celle M.

La branche N est assez bien développée ; mais le rameau destiné à son prolongement est resté en arrière. Pour faciliter sa croissance nous le laissons sans être taillé. Il est vrai que l'on s'expose à ce que plusieurs de ses yeux restent latens ou s'éteignent totalement. Mais comme la 11ᵉ taille sur le rameau L est assez rapprochée de la 10ᵉ, nous avons lieu d'espérer de bons résultats. Nous supposons ici que la sous-mère-branche aurait éprouvé quelque avarie dans le voisinage de la 10ᵉ taille ou au-dessus, et que cette avarie lui retire la facilité de se prolonger dans la proportion voulue comparativement aux autres. Dans ce cas, il faudrait effectuer le rapprochement sur la 9ᵉ taille, et relever la branche N, qui bientôt réparerait le dommage. Pour cela il faudrait la diriger selon les principes que j'ai indiqués en pareille circonstance, et si l'on tenait à la parfaite uniformité de l'arbre, on ferait subir à la branche correspondante sur l'autre aile les modifications en rapport à celles que je viens d'indiquer.

On voit que la branche O est restée entière à l'époque de la 2ᵉ taille, ce qui fait que le point de départ du rameau terminal ne forme aucun coude. On remarque qu'elle a produit un rameau que l'on a taillé assez court, dans l'intention de fortifier les boutons et les yeux qui se trouvent sur cette branche. Le petit rameau supérieur qui succède au terminal, a été oublié et devrait être cassé près de son insertion.

La branche P est un exemple de la 3ᵉ taille. On voit qu'elle a été taillée très long la première année, et assez court la seconde, sans doute pour remédier à la première. La troisième a été d'une longueur moyenne et établie sur un œil en dessous qui probablement avait déjà éprouvé quelque avarie lors du pincement, ce qui fait que l'on a été contraint de choisir pour son remplacement le bourgeon le plus convenable à cet effet. Malheureusement sa position n'est pas agréable, ce que l'on aurait pu éviter en rapprochant sur le petit rameau, qui lui est inférieur, et en donnant à celui-ci une direction propre à continuer cette branche. Mais alors on courrait le risque de faire éprouver à cette branche un retard que l'on ne pourrait souvent réparer qu'en faisant la réforme d'une assez grande quantité de branches à fruits, ce qu'il faut éviter quant à présent. On voit que trois de ces branches seulement ont éprouvé un petit rapprochement. Le rameau destiné au prolongement de cette branche a été taillé sur un œil en dessous ; celui qui lui succède est directement en dessus ; il est urgent que cet œil soit éborgné, car dans le cas où le premier viendrait à éprouver quelque avarie, on ne pourrait pas tirer parti du dernier, parce qu'il formerait coude sur coude. Avant de quitter cette branche je ferai aussi remarquer que son extrémité et le petit rameau qui y est joint, sont marqués pour la réforme ; il eût été imprudent de les réserver au prolongement de cette même branche, parce que leurs écorces ont peu de souplesse, et ne permettent pas à la sève une libre circulation ; le mal est même trop prononcé pour que des incisions aient pu y porter remède.

Je ne dirai rien de la branche Q , ses opérations étant semblables à celle de la branche J.

Passons aux branches R et S. C'est particulièrement sur les branches de cette nature qu'il importe beaucoup de diminuer la longueur des branches à fruits dont elles sont garnies , afin de pouvoir les maintenir en santé. Aussi on remarque qu'il a été fait beaucoup de réformes en ce genre : de plus on a supprimé une branche de ramification , dans le but de fournir de la sève pour aider au développement de la branche R. Cette réforme pourra paraître étrange aux yeux de quelques personnes, d'autant plus qu'elle est arrivée au point de donner beaucoup de fruits ; mais je répondrai par le proverbe *qui trop embrasse mal étreint.* On aurait pu , il est vrai, obtenir de cette branche une grande quantité de fruits, mais cette production aurait altéré la vigueur de la branche qui lui donne l'existence. On voit sur la branche S, dans le voisinage de la 6ᵉ taille , une opération à peu près semblable , qui a eu lieu dans les années précédentes. Le reste des opérations n'a rien de particulier, ce qui me dispense d'entrer dans de plus longs détails.

Il reste à dire quelque chose de la branche secondaire supérieure , qui, comme je l'ai indiqué pour le pêcher , doit être élevée d'après les principes applicables à la mère-branche. Je ferai seulement remarquer que cette branche a été pendant les quatre premières années une branche à fruits , en raison de son peu d'étendue , ce qui est démontré par le rapprochement des plaies qui se trouvent à sa base. Depuis cette époque seulement , elle a pris réellement le ca ractère de branche secondaire. Les branches de ramification B C O, et la branche secondaire elle-même, sont pourvues d'une infinité de petites branches à fruits et de rameaux propres à le devenir, ce qui est important à leur égard, parce qu'étant vigoureuses il est bon de se servir de toutes ces petites productions pour les affaiblir.

Lorsque les arbres ainsi taillés ont vieilli et que les branches à fruits sont devenues chancreuses et forment des têtes de saule, comme cela se rencontre dans beaucoup de jardins, on fait le recépage de toutes les branches à un pied ou environ de la greffe. Dans ce cas, il faut surveiller les bourgeons inattendus et réformer ceux qui sont mal placés. Les autres seront palissés avec soin à des distances de 4 à 6 pouces. Il sera aussi important de pincer au fur et à mesure les faux bourgeons qui pourraient se développer, ce qui dispense d'en faire le cassement au mois d'août, comme cela se pratique assez généralement.

L'année qui suivra cette opération l'on se gardera de tailler les rameaux par leur extrémité, mais on en réformera quelques-uns de ceux qui feraient confusion. A l'aide de ces différens moyens, les arbres prendront en peu de temps un grand développement, et seront abondamment pourvus de boutons à la 3ᵉ taille. Alors on taillera d'une manière convenable à leur vigueur, et qui aura pour but de retenir la sève au centre de l'arbre ; mais en combinant cette taille de façon à ne pas faire développer les petits dards, qui seront alors en très grande quantité, et seulement à leur donner assez de force pour se cou-

ronner par un bouton et former des branches à
fruits. Le reste des opérations est conforme à ce que
j'ai dit.

§ VI. Taille en éventail sur pommier.

La taille du pommier étant en tous points conforme à celle du poirier, je n'entrerai dans aucun détail,
me contentant de renvoyer à ce que j'ai dit dans le
paragraphe précédent. La seule différence qui distingue ces deux espèces d'arbres, c'est que le pommier ne doit pas être soumis au recépage dont il ne
s'accommode aucunement. Si pour ce genre d'arbres,
le désagrément que je viens de citer pour les branches à fruits du poirier, se manifestait, on les rava-
lerait rez les branches charpentières, desquelles il
sortira beaucoup de bourgeons dont on cherchera à
faire de nouvelles branches à fruits par les procédés
indiqués.

IIe Section. — *Taille en cordon ou conduite de la vigne
dans les jardins.*

Avant de parler de la taille de la vigne pour les
espèces exclusivement consacrées à fournir le raisin de table, je ferai quelques observations sur sa
plantation et son exposition, qui varient beaucoup
en raison de la nature des terres dans lesquelles on
les cultive.

§ I. Observations sur la plantation et l'exposition de la vigne.

Si les terres sont de nature forte, compacte, humide et froide, les vignes que l'on cultivera le long
des murs, dans le nord et le centre de la France et

dans les pays étrangers placés à la même latitude, devront être exposées au levant et graduellement jusqu'à l'exposition du sud-ouest. La plantation de ces vignes devra être faite aussi près des murs que possible, afin que les racines puissent courir le long de ces murs, et très souvent s'implanter dans les fondations, ce qui fait qu'elles y seront plus sainement. Cette position influera sur la bonne qualité du raisin, qui dans des terres de cette nature est ordinairement aqueux et d'une médiocre saveur.

Si au contraire les terres sont légères, friables et chaudes, la vigne sera moins exigeante sur son exposition. Dans cette sorte de terrain, la plantation demande plus de soins, parce qu'elle devra être faite à quatre pieds des murs et plus, si les localités le permettent, afin que les racines puissent aller chercher les sucs nourriciers à de très grandes distances, et supporter ainsi beaucoup mieux la sécheresse qui peut régner le long des murs pendant l'été. Lorsque les localités le permettent, on peut, pour éviter cette sécheresse, planter derrière la muraille, et on se contentera de faire passer la tige de ses vignes par dessus le mur, pour les cultiver en sens opposé à la plantation. Lorsque des issues ou barbacanes, auront été pratiquées au pied du mur, on y fera passer la tige ce qui est préférable ; mais l'on ne peut admettre cette plantation comme faisant partie de la culture, en ce qu'elle n'est applicable que dans quelques localités privilégiées.

La distance qui doit exister entre chaque pied de vigne, ne peut être déterminée qu'après s'être rendu compte de la nature des terres, de la hauteur des murs et de l'emploi auquel on les destine. Lorsque enfin on a déterminé la distance voulue par rapport aux localités, on procédera à la plantation qui se fera dans des fossettes longitudinales, d'une profondeur de 10 pouces, terme moyen; c'est-à-dire que pour les terres moelleuses et un peu humides, 9 pouces suffiront, tandis qu'il en faudra 14 au moins dans les terres légères et brûlantes. En plantant, on couchera non-seulement la partie enracinée, mais encore une partie du sarment qui sera dirigé vers le mur, et relevé à l'endroit que l'on aura déterminé. Si les sarmens plantés dépassaient le sol de beaucoup, on les taillera de façon à ce qu'ils ne portent que deux yeux, et si les localités le permettent, on fera à leur pied un petit auget de 2 à 3 pouces de profondeur, que l'on remplira de grand fumier qui maintiendra la terre fraîche, et l'empêchera d'être desséchée par le soleil.

Après avoir ainsi planté la vigne, on la taillera la deuxième et la troisième année, à deux yeux sur une seule broche, afin qu'au bout de ce temps elle puisse donner des sarmens assez longs pour atteindre la muraille. Jusque là on se gardera de réformer ni feuilles ni faux bourgeons, afin que ces productions puissent exciter le développement des racines. Ce n'est que du moment où l'on verra que les bourgeons pourront prendre l'accroissement nécessaire pour arriver facilement au mur, que l'on débarrassera les faux bourgeons, afin que la sève qu'ils absorbaient puisse passer au profit de l'extrémité du bourgeon conservé.

Au printemps qui suivra cette opération, on pratiquera des fossettes de la largeur d'un fer de bêche et de la profondeur que nous avons déjà indiquée pour la plantation; on y couchera les sarmens dont l'extrémité sera redressée le long du mur, et taillée sur deux ou trois yeux hors du sol. Tous ceux qui se trouveront enterrés, devront être annulés avec la serpette. Ensuite on recouvrira ces sarmens soit avec la terre du sol si elle est de bonne nature, soit avec une terre rapportée. Souvent l'on jette sur ces sarmens du bon fumier de vache, bien consommé, qui active singulièrement la végétation, mais qui nuit un peu à la qualité du raisin. Mais comme on a pour but, dans le commencement d'une plantation, d'obtenir surtout du bois, cette pratique peut être employée sans inconvénient. Seulement je recommande de ne point mettre de fumier trop près de la muraille, afin de ne pas exciter le développement des racines dans cette partie, parce qu'elles y sont plus exposées à l'influence de la sécheresse. Après une telle opération, les vignes doivent donner des sarmens de la longueur de 15 à 20 pieds. Dès lors il faut appliquer la taille que je vais décrire.

§ II. De la taille de la vigne dans les jardins.

La taille la plus avantageuse pour les vignes, dans les jardins, est sans contredit la taille en cordon, soit qu'on en établisse sur toute la hauteur de la muraille, soit que l'on se contente d'en former un sous le chaperon [1]. Dans ce dernier cas, le cordon doit

____

(1) Butret condamne cette méthode. Voyez sa brochure. Néanmoins

être établi à 18 ou 20 pouces au-dessous de la partie saillante de la muraille. Si au contraire celle-ci est uniquement consacrée à ce genre de cultures, le premier cordon régnera à 6 pouces au-dessus du sol ; les autres cordons que l'on établira en dessus, devront être espacés de 20 à 24 pouces dans les terres légères, et de deux pieds et demi à trois pieds, dans les terrains humides [1] ; parce que dans ces derniers on ne devra pas laisser les bourgeons d'un cordon passer sur un autre, à moins qu'il n'y ait nécessité absolue, et cela pour ne pas intercepter l'influence solaire, si utile dans cette circonstance. Cette action du soleil est moins nécessaire dans les terres brûlantes, où l'on a quelquefois besoin d'un peu d'ombre pour favoriser le développement des fruits.

Forme des cordons, *pl.* 4 *fig.* 2. Après avoir disposé les sarmens de façon à créer les cordons qui devront être inclinés horizontalement et sans faire de coude, afin d'éviter les ruptures, on procédera à la 1re taille, qui consiste à retrancher une partie de ces sarmens, afin que tous les yeux qui se rencon-

---

j'en recommanderai l'usage toutes les fois que les murs seront assez élevés. Le palissage de la vigne, devant être pratiqué bien avant celui du pêcher, ne peut par conséquent pas lui nuire. Je regarde même cette pratique comme très avantageuse pendant l'été, en ce que les feuilles et bourgeons d'une vigne bien soignée ne devant pas dépasser la largeur des chaperons, pourront en tenir lieu pendant cette saison.

(1) Quoi qu'en dise M. Lelieur, qui veut que ces cordons soient à la distance de douze pouces, à l'imitation de la treille de Fontainebleau, ce qui ne peut être admis que dans des terres très brûlantes comme celle où croît cette treille.

trent sur le plan horizontal puissent se développer et donner naissance à des bourgeons vigoureux, qui pour l'ordinaire seront garnis d'une bonne quantité de fruits.

Le bourgeon de l'extrémité de chaque cordon, ou à son défaut celui qui lui succède, sera palissé de manière à le continuer, sans faire le moins de coude possible. Les autres seront palissés verticalement, et s'il existe un cordon au-dessus, ces bourgeons seront tranchés à quelques pouces au-dessous du point où ils voudraient le traverser, sans attendre l'époque de la floraison, comme cela se pratique trop souvent.

D'après des expériences comparatives, j'ai trouvé que ce procédé influait avantageusement sur la grosseur des grappes et l'avancement de la fleur. C'est pourquoi je conseille de faire cette réforme de bonne heure, surtout sur les vignes vigoureuses et dans les années pluvieuses. On devra en outre faire la réforme de tous les faux bourgeons et vrilles, à mesure qu'ils se développeront.

2e *taille*. Cette taille devra toujours être proportionnée à la vigueur des individus, tant pour les sarmens destinés au prolongement du cordon que pour ceux qui croissent verticalement; et si quelques-uns de ces derniers n'avaient pas pris le développement désiré, ce qui prouverait que la 1re taille aurait été faite outre mesure, on devra être plus réservé sur le prolongement du cordon, afin de ne pas commettre les mêmes erreurs, car dans ce genre de végétal il vaut mieux forcer la sève à se porter du centre à l'extrémité, que de l'extrémité au centre.

Les sarmens les plus vigoureux qui se trouvent placés verticalement sur le cordon devront être taillés exclusivement sur les deux premiers yeux, en comprenant celui qui se trouve sur la couronne ou talon, de sorte qu'après avoir opéré les différens sarmens, leur longueur ne doit pas dépasser celle d'un pouce et demi à deux pouces. Les sarmens faibles qui auront un peu plus que la grosseur d'un tuyau de plume seront taillés sur le premier œil, de sorte qu'ils sembleront n'avoir conservé que leur couronne [1]. Tous ceux qui auraient poussé en dessous et qu'on aurait conservés pour leurs fruits, ainsi que ceux qui se trouveraient sur la tige, seront réformés, à moins que leur conservation fût d'une nécessité absolue.

On est convenu de donner le nom de *broche* à tous les sarmens qui ont subi la taille et qui se trouvent placés en dessus du cordon. Chacune de ces broches donne le plus ordinairement naissance à deux bourgeons que l'on palisse et traite comme je l'ai indiqué à la première taille.

3e *taille*. Je ne répèterai pas ici ce qui concerne le sarment chargé de prolonger l'extrémité du cordon, pas plus que ceux qui ont poussé dessus, puisqu'il faut leur appliquer les principes posés précédemment pour la première et la seconde taille. La troisième taille s'applique aux broches. Comme on

___
[1] Quelques personnes pourront être étonnées d'une taille aussi courte ; mais lorsqu'elles l'auront pratiquée deux années de suite elles en reconnaîtront l'efficacité.

a pu le remarquer, elles n'ont encore subi qu'une
opération dont les résultats sont deux sarmens (voy.
pl. 4). Le plus éloigné du cordon sera réformé avec
une portion de l'ancienne broche, de manière que
la partie réformée ressemble un peu à une crosse,
ce qui lui a valu le nom de *crossette*. L'autre sarment
sera réservé et taillé à deux yeux, pour former une
nouvelle broche que l'on traitera de la même manière. Alors il existera entre la broche et le cordon
une espèce de tête de saule (à laquelle on donne le
nom de *courson*) peu apparente d'abord, mais qui,
par une taille mal raisonnée, pourrait prendre une
certaine élévation. Ce serait un inconvénient, parce
qu'il sortirait sur es parties une infinité de bourgeons inattendus qu'il faudrait réformer à l'époque de
l'ébourgeonnage. Les sous-bourgeons qui sortent sur
les broches et à l'empatement des bourgeons principaux[1] devront aussi être réformés, à moins qu'il
y ait nécessité d'augmenter les récoltes. Les différens ébourgeonnages se font lorsque les grappes
sont apparentes; on opère simplement avec les
doigts et sans efforts, à moins que l'on néglige de les
faire, ce qui serait préjudiciable à la vigne, surtout
si elle n'était pas très vigoureuse. Quoiqu'il soit de
règle générale de réformer les différens bourgeons
dont je viens de parler, particulièrement ceux qui
se sont développés sur les coursons, cependant
s'il arrivait que l'un de ceux-ci prît un accroissement

---

(1) Ces sortes de productions ne sont pas apparentes à l'époque de
la taille, parce qu'elles font corps avec les yeux dont l'enveloppe les
recouvre encore.

démesuré, et qu'à sa base il se trouvât un bourgeon, ce qui n'est pas rare, on conserverait ce dernier pour pouvoir, à l'époque de la taille, réformer le vieux courson, qui serait à l'instant remplacé par une nouvelle broche. C'est ainsi que l'on agira sur des vieux ceps en cordons qui auraient été mal traités.

Il arrive aussi une époque où les cordons eux-mêmes sont épuisés. Cette époque varie singulièrement en raison de la nature des terres, et de la quantité des engrais qu'elles ont reçus. Quel que soit l'état d'épuisement, il est rare qu'il ne reste pas encore quelques ressources, ce qui est annoncé par des productions vigoureuses qui partent du pied du cep. On profite de ces nouveaux jets pour remplacer le vieux cordon qu'on supprime, ce qui donne encore d'excellens résultats. Si l'on craint le mauvais état des racines, on couche en terre les nouveaux sarmens, en leur faisant décrire un demi-cercle ou un cercle entier afin de les éloigner du mur autant que possible, en cherchant seulement à ramener leur extrémité vers la muraille. A l'aide de ce moyen et de quelques engrais on peut complètement rétablir un cordon en peu de temps[1]. On donne encore à la vigne une forme en espalier, en maintenant sa tige verticale et en la laissant se garnir dans toute sa longueur à droite et à gauche de coursons et de broches. Cette forme convient aux vignes plantées près d'un mur de peu de hauteur à une exposition chaude. Les principes pour cette taille sont les mêmes que ceux que je viens de décrire.

(1) Dans quelque position que l'on cultive la vigne sous cette forme, soit le long d'un treillage à l'air libre ou sous des tonnelles ou berceaux, les principes sont les mêmes.

Dans quelques jardins situés à des positions chaudes et sur des terres brûlantes, on cultive la vigne à l'air libre, conduite sous la forme d'une quenouille soutenue par un échalas, sur lequel viennent s'attacher tous les bourgeons sortant des coursons. L'on est convenu de donner à ces vignes le nom de cep. Cette culture ne peut être mise en usage que dans la situation que je viens d'indiquer ; et encore, dans le nord et le centre de la France, les récoltes sont assez infructueuses, et la qualité du raisin médiocre. Du reste, les principes de la taille sont les mêmes que pour les cordons.

Dans quelques jardins bien abrités, à quelque distance des murs ou le long des côtières, on cultive également la vigne. La forme la plus ordinaire que l'on donne à chaque pied, planté à une distance assez irrégulière, consiste dans l'établissement de quatre à cinq coursons sur le tronc, et à peu de distance du sol. Ces coursons devront toujours être établis de manière à ce qu'ils s'éloignent du centre, afin que par leur ensemble ils puissent former un *cul de lampe* dont ce mode de culture a pris le nom. Lorsque ces vignes sont très vigoureuses, on peut conserver deux ou trois sarmens des plus élevés sur les coursons ; on donne à ces sarmens le nom de *ventelles*. Pour cet effet, on les taillera à plusieurs pieds de leur insertion, et, lors de l'ascension de la sève, on les courbera en anse de panier, en fixant leur extrémité dans le sol, afin d'en répartir la sève plus uniformément ; ce qui fera donner beaucoup de fruits et diminuera l'extrême vigueur du cep qui les alimente. Après la récolte, ou à l'époque de la taille suivante, on fera la réforme de ces parties pour faire place à de semblables, si les ceps sont encore assez vigoureux. Le reste des opérations est conforme à ce que j'ai dit plus haut. Au surplus, cette culture extrêmement simple convient plutôt au vigneron qu'au jardinier.

Je termine ici ce que je voulais dire sur les opérations de la taille appliquée à la vigne dans les jardins. Je n'ai pas cru devoir augmenter son article de faits curieux et intéressans sous le rapport de son histoire, et que j'aurais pu emprunter à M. le comte Lelieur. J'ai préféré me renfermer dans ce qui est purement pratique.

IIIe Section. *Taille en vase.*

§ 1. Taille en vase sur les arbres à fruits à pepins.

Cette taille varie beaucoup en raison de la nature et de la vigueur des arbres, ce qui fait qu'elle est souvent mal établie par beaucoup de jardiniers qui taillent tout d'après les mêmes principes, tandis que chaque arbre exige un raisonnement particulier.

Examinons d'abord ce qui est convenable aux pommiers greffés sur paradis ou douçain, comme étant les plus répandus dans les jardins modernes. Ces arbres acquièrent à peine la hauteur de 2 à 3 pieds, ce qui varie un peu en raison de la nature du sol; aussi choisit-on les paradis pour les terres fortes et substantielles, et les douçains pour celles qui sont maigres ou peu argileuses. Dans ce cas, ils ne dépasseront pas la hauteur indiquée ci-dessus, ce qui les dispensera de tout l'appareil dont les arbres plus élevés soumis à cette taille ne peuvent se passer.

Les paradis et douçains sont envoyes des pépinières ayant déjà éprouvé la suppression de la tige à 6 ou 8 pouces au-dessus de la greffe. Les rameaux qui ont poussé sur cette tige sont très irrégulièrement placés; il importe alors de régulariser la forme qu'ils doivent avoir. Pour y parvenir, on choisira trois ou quatre de ces rameaux que l'on taillera à quelques pouces du tronc; et comme il est rare que ces rameaux aient un volume égal, il faudra les soumettre à des opérations tout-à-fait différentes. Il est vrai qu'il faudra leur donner la longueur et la position voulues pour qu'ils offrent dans leur ensemble une forme de vase aussi régulière que possible; mais les plus faibles seront taillés dans la vue de continuer les branches circulaires, sans que l'on s'occupe de les bifurquer. A cet effet, les yeux placés à l'intérieur et à l'extérieur des vases seront préférés, à moins qu'il y ait nécessité de reporter des branches à droite ou à gauche de la partie circulaire du vase. Lorsque ces branches auront pris un volume égal à celui des plus fortes, on n'y verra point de différence.

Les rameaux les plus forts devront être taillés de droite à gauche ou de gauche à droite, avec la précaution que l'œil qui suit immédiatement le terminal puisse y correspondre, de manière qu'en se développant l'un et l'autre ils forment dans la partie circulaire de l'arbre une espèce de fourche à laquelle on a donné le nom de *bifurcation*. (Voy. *pl.* 7 *fig.* 1.)

La 2ᵉ taille devra être pratiquée d'après les mêmes principes que j'ai développés pour la première. Si, à

l'époque où on la fait, la plus grande partie des rameaux destinés au prolongement de chaque branche
circulaire avait acquis la longueur de deux pieds ou
environ, on pourrait les tailler à cinq et six pouces,
afin que l'œil terminal de chaque rameau et celui
qui le suit puissent se développer avec vigueur pour
être propres à continuer la charpente. Tout le reste
des yeux qui se trouveront sur les rameaux sera
destiné à produire des petits dards ou brindilles.

Les rameaux avec lesquels on veut former des bifurcations devront être taillés de moitié moins longs,
terme moyen (voyez *pl.* 7, *fig.* 2, lettres B et E),
afin d'éviter des *cornes*[1]. Ce n'est qu'à leur 2e taille
que l'on devra les mettre en équilibre avec les autres
branches. (Voyez D, G, *mêmes planche et figure.*)

A la 3e taille on devra vérifier la seconde, et si quelques-unes des branches circulaires étaient bifurquées
dans un sens opposé, ou si elles étaient trop multipliées, il faudrait les réformer. Il est prudent de
pincer les bourgeons qui donnent lieu à de telles
productions, ce qui évite de fortes plaies toujours
nuisibles. C'est ce qui a été observé au-dessous des
rameaux D, G.

Si, à l'époque de cette 3e taille, la vigueur s'est
maintenue dans les proportions indiquées pour la
2e, on agira pour celle-là d'après les principes établis pour celle-ci. Il n'en sera pas de même lors de la
1re, parce qu'à cette époque les arbres dont nous
nous occupons devront être munis d'une assez

____

[1] Si toutefois je peux me servir de l'expression de Butret.

grande quantité de boutons, ce qui oblige à tailler plus court, afin de maintenir la sève qui doit les alimenter. Il serait prudent, dès cette époque, de faire la réforme de quelques brindilles placées sur les branches circulaires de nature faible, afin de leur donner la faculté de se mettre en équilibre avec les plus fortes.

La 5e taille sera faite dans le but que j'ai indiqué ici, et les suivantes également. Mais il arrive une époque plus ou moins reculée où ces arbres ne poussent que dans des proportions peu considérables, en raison de leur âge, de la nature des terres et de la quantité de fruits qu'ils portent chaque année. Dès lors on devra considérablement diminuer les branches à fruits, en cherchant à ce que l'extrémité des branches circulaires puisse donner des rameaux vigoureux, afin de raviver ces arbres. Voyez ce que j'ai dit à ce sujet à l'article *poirier*.

Les proportions que j'ai données pour la vigueur de ces arbres sont généralement le terme moyen ; il s'en rencontre où la vigueur est plus ou moins dominante, ce qui fait varier les principes que j'ai posés. Si les arbres se sont développés plus vigoureusement que je ne l'ai indiqué, ils devront être taillés plus longs ; si, au contraire, ils n'ont poussé que faiblement, ils seront, par cette raison, taillés plus court, en empêchant également l'accroissement et la multiplicité des branches à fruits.

§ II. De la taille en vase sur franc.

On appelle franc tout arbre arrivé à un certain état
de domesticité, soit qu'il soit le produit de boutu-
res, drageons, œilletons, marcottes ou semis. Ce
dernier moyen est bien supérieur aux autres, en ce
qu'il donne des sujets bien plus vigoureux ; aussi les
pépiniéristes l'emploient-ils avec beaucoup de succès. On appelle quelquefois aussi les francs du nom
de sauvageons. Cependant ceux-ci s'en distinguent
par leurs feuilles petites, leur bois mince, et le plus
souvent armé d'aiguillons, tandis que les francs ont
pour l'ordinaire les feuilles larges, charnues, les
rameaux gros portant peu ou point d'épines. C'est
surtout dans le genre poirier où ce caractère est plus
constant, et où il est le plus important de faire la
distinction de ces deux variétés, parce que les francs
doivent être réservés pour recevoir les espèces les
plus difficiles à se mettre à fruits. Les sauvageons peuvent recevoir les autres espèces, et notamment
celles que l'on cultive dans les vergers.

Ces précautions, quoique importantes, sont généralement négligées par nos pépiniéristes les plus
instruits. Ils greffent indistinctement, parce qu'il
est assez difficile de distinguer si telle espèce a été
greffée sur franc ou sauvageon [1]. Il en résulte que
parmi, ces arbres plantés pêle-mêle, ceux greffés

(1) Néanmoins lorsque ces arbres sont arrachés, on peut jusqu'à un
certain point juger de leurs qualités, parce que les racines des francs
sont plus charnues et se rompent plus facilement que celles des sauvageons.

sur franc donnent des fruits abondamment et d'un beau volume, tandis que les autres n'en donnent que peu et petits ; encore sont-ils souvent galeux ou pierreux. Ceci est commun à toutes les espèces; c'est pourquoi presque généralement on a adopté les pommiers greffés sur paradis et douçain, et les poiriers sur coignassier. Mais, je le dirai avec connaissance de cause, pour les terres maigres, peu substantielles ou impropres à la nature de ces deux genres d'arbres, les francs doivent être préférés ; les poiriers surtout seront bien préférables à ceux greffés sur coignassier même planté dans un bon sol; si cependant les terres étaient trop substantielles, argileuses ou peu profondes, les coignassiers seront d'un meilleur emploi.

Pour le genre pommier, les arbres greffés sur francs poussent dans des proportions plus considérables que ceux greffés sur paradis ou douçain. Néanmoins les 2ᵉ et 3ᵉ tailles devront être établies comme pour les paradis; mais lorsqu'un certain nombre de bifurcations seront formées et que l'embonpoint de toutes les parties en annoncera la vigueur, les rameaux destinés à prolonger les différentes branches circulaires pourront être taillés à un pied ou 18 pouces, avec la précaution de leur faire obtenir par leur ensemble autant de régularité qu'il est possible (voy. *pl.* 7, *fig.* 2). Les rameaux destinés à la formation des nouvelles bifurcations devront être taillés comme nous l'avons dit pour les paradis. Si les autres rameaux ont été pincés, on sera dispensé d'en faire la réforme, en évitant également des plaies considérables. Alors on se contentera de casser quelques-uns de ces rameaux qui n'auront pas subi l'opération du pincement, et qui auraient trop de volume pour être considérés comme brindilles.

On voit, d'après ce qui vient d'être dit, que des supports et des cerceaux sont indispensables pour le maintien de ces branches et leur espacement, qui doit être de 4 à 6 pouces ou environ. L'évasement doit aussi se pratiquer au fur et à mesure que les arbres prennent de l'accroissement, ce qui ne peut avoir lieu sans les moyens dont je viens de parler.

Il nous importe maintenant de faire l'application de la 4ᵉ taille sur la partie de l'arbre *fig.* 7, *pl.* 2. L'on voit que le rameau A a été taillé sur deux yeux placés dans la partie circulaire, et propres à donner naissance à une nouvelle bifurcation, mais en sens opposé à la lettre B. Cette précaution devra être prise, autant que possible, pour toutes les branches qui auront la même destination, de sorte que les bifurcations se trouvent alternativement à droite et à gauche, et à des distances qui ne peuvent être déterminées que par le besoin des branches circulaires.

Les bourgeons qui se développeraient trop vigoureusement au-dessous de la bifurcation proposée, et qui pourraient nuire à son accroissement, seront pincés, et donneront le résultat que l'on peut remarquer au-dessous de la bifurcation B.

Le rameau C est, comme on peut le voir, très vigoureux ; c'est pourquoi j'ai cherché à en obtenir une bifurcation avec la précaution indiquée plus haut. Le reste de l'opération n'a rien de particulier.

Lettre D. On voit que cette bifurcation donne un

rameau très vigoureux qui a été taillé de manière à le mettre en correspondance avec les rameaux les plus vigoureux, mais sans chercher à le bifurquer. Cette bifurcation serait ridicule et inconvenante, parce qu'elle se trouverait à la même hauteur que celle qui est préparée sur le rameau C. Ce soin est de rigueur pour toute autre partie.

La lettre F n'exigeant pas d'autres opérations que la lettre C, et la lettre G étant aussi en rapport avec D, je me dispenserai d'entrer dans de plus grands détails.

On remarque ici que chacun de ces rameaux n'est pas taillé en raison de sa force, comme le recommandent quelques auteurs, mais seulement en raison de sa destination particulière. Dans la supposition qu'un des arbres soumis à cette forme viendrait à s'emporter dans l'une de ses parties, il faudrait que les rameaux de cette partie fussent taillés très court, multiplier autant que possible les branches à fruits, qui, par leur produit, absorberont la surabondance de sève. Le contraire devra être fait sur le côté faible, c'est-à-dire que les rameaux de cette partie seront taillés très long, si même on ne trouve pas convenable de les laisser entiers. Les branches à fruits seront taillées très court, afin que leurs produits soient peu considérables.

Tout ce que je viens de dire à l'égard des pommiers est également applicable aux poiriers, pruniers, abricotiers, etc.

Quoique la forme en vase soit très gracieuse, elle est presque généralement rejetée et remplacée avec raison par des pyramides ou des éventails. Néanmoins on en rencontre encore dans les jardins plusieurs greffés sur franc. Trop souvent ils sont taillés si court, qu'ils n'offrent, pour ainsi dire, que des nœuds et des plaies considérables. Cette manière vicieuse de tailler les prive de la faculté de donner des fruits, parce que la réforme annuelle des rameaux vigoureux détermine le peu de dards et de brindilles à se transformer en branches à bois, ce qui engage le jardinier à faire de nouvelles réformes qui multiplient encore les plaies. Si une main habile ne vient pas au secours de ces arbres, leur vigueur se ralentit, la sève refuse d'arriver à l'extrémité des branches circulaires, et ils n'offrent bientôt plus que le triste assemblage de chicots dégoûtans. Les propriétaires sont réduits à en ordonner l'arrachage, qui a lieu sans qu'ils aient obtenu autre chose que des fruits verts et de mauvaise qualité. Tel est l'état de beaucoup d'arbres que l'on m'invite souvent à rétablir. Si ce sont des pommiers, mes premiers soins sont de débarrasser l'intérieur d'une foule de rameaux et branches auxquels succèdent des têtes de saule. Les rameaux formés dans l'intervalle des vieilles branches y sont maintenus malgré la confusion qu'ils forment, en disposant les plus forts à la formation d'une nouvelle charpente. Dans ce but on les taille extrèmement long, et quelques-uns pas du tout, ce qui a lieu pour les plus faibles, afin de régulariser une nouvelle couronne.

Lors du pincement, il sera prudent de visiter les cercles et de pincer tous les bourgeons vigoureux mal placés. La seconde taille sera faite d'après les principes de la première.

A l'époque de la 3ᵉ taille, ces arbres devront être pourvus d'une très grande quantité de boutons, et si le temps est favorable pendant la floraison, ils se trouveront rétablis et en état de donner une très grande quantité de fruits. Alors les rameaux destinés au prolongement des branches circulaires devront être taillés beaucoup plus court, afin que la sève puisse mieux alimenter les fruits.

A la 4ₑ taille on commencera à débrouiller la confusion que j'ai indiquée comme régnant dans les rameaux à l'époque de la 1ᵉʳᵉ taille ; et si, lors de cette opération, il se rencontre quelque vieille branche de la charpente morte ou mourante, il faut en faire la réforme seulement à cette époque, parce que les fortes plaies sont très pernicieuses aux pommiers. Elles le sont beaucoup moins aux poiriers; c'est pourquoi, sur des arbres de cette nature, on peut effectuer le recépage afin d'obtenir une forme plus régulière, à moins que l'état de l'arbre permette de le réparer entièrement sans recourir à ce moyen.

Lorsque ces arbres auront une vigueur extraordinaire, on pourra croiser les branches ou rameaux destinés à la création de la charpente. Pour cela la moitié des branches sera inclinée à droite et l'autre moitié à gauche, en leur faisant décrire un angle de 45 degrés ou environ. La plupart de ces branches ne seront point taillées, excepté les plus vigoureuses, que l'on devra bifurquer en sens inférieur, afin de multiplier ces branches au fur et à mesure que le vase prendra de l'étendue.

Les vases ainsi croisés peuvent aisément se passer de support ; cependant quelques cerceaux de distance en distance seront nécessaires pour la plus parfaite régularité.

Il est un procédé peu usité, qui cependant peut être mis en usage à défaut de celui que je viens d'indiquer. Il consiste à conserver un rameau placé perpendiculairement sur le tronc, ce qui n'est pas rare sur ces arbres ; à son défaut on emploie une greffe placée en cheville, qui bientôt s'emparera d'une très grande quantité de sève, ce qui diminuera la vigueur des branches circulaires du vase et les mettra à fruits en peu de temps. Cette greffe ou ce rameau sera traité comme pour obtenir une pyramide ; mais la tige sera dénuée de branches à sa base afin de ne pas obstruer l'air destiné à la vie du vase. Je dois prévenir le lecteur qu'à une certaine époque la sève peut abandonner le vase pour se porter totalement à la pyramide. L'un et l'autre se trouvant alors en état de donner des fruits, on est le maître de choisir entre les deux. On peut, au reste, par quelques traits de scie pratiqués près de l'insertion de la tige de la pyramide, maintenir l'équilibre assez long-temps. Il y a bien encore un moyen qui consiste à tailler la pyramide très court et très tard ; mais alors cette partie ne donne souvent pas de fruits.

IV⁰ Section. — *De la taille en pyramide.*

Cette forme est sans contredit la plus naturelle à une infinité d'arbres. On a souvent confondu la pyramide avec la quenouille, parce que les pépiniéristes nous envoient des arbres sous cette dernière forme, et il faut une main habile pour rétablir la pyramide. Un auteur moderne a prétendu que cette forme n'était guère propre qu'à donner du bois. Cette assertion est facile à combattre, puisqu'avec du bois on peut avoir du fruit à volonté ; d'ailleurs les succès que l'on obtient dans quelques jardins pendant un très grand nombre d'années prouvent assez la bonté de cette forme.

Le même auteur prétend que la forme de quenouille est la plus propre à donner des fruits. J'avoue que les arbres qui sont ainsi taillés donneront plus de fruits les cinq ou six ou sept premières années que sous la forme de pyramide. Mais après ce temps ils vont toujours en dépérissant, et font dire, avec raison, que les quenouilles ne durent pas, et cela parce qu'elles sont épuisées de fruits avant d'être en état d'en soutenir les produits. Si au contraire on soumet les arbres à la pyramide, moins productive d'abord, on en est bien dédommagé ensuite, parce que l'on n'a pas le désagrément de voir périr les arbres au moment d'en obtenir des jouissances. Ce n'est en effet qu'à la 6⁰ ou 8⁰ année que l'on doit attendre d'une pyramide des produits abondans qui se succèderont pendant 30 ou 40 ans. D'après cela il me semble que les pyramides doivent être préférées ; c'est pourquoi je vais indiquer tout ce qui a rapport à cette taille ; je m'occuperai ensuite des quenouilles, et m'efforcerai de détruire les mauvais procédés employés pour leur conduite.

§ I. De la taille en pyramide sur poirier.

Cet arbre se présente assez volontiers sous cette forme dans la nature, et, pour peu que l'art apporte son secours, on obtient des résultats aussi flatteurs qu'utiles.

Nous allons examiner les figures des *pl.* 5 et 6, à l'occasion desquelles je développerai les connaissances indispensables pour obtenir cette forme.

Remarquons d'abord deux jeunes arbres, *pl.* 5, *fig.* 7 et 8, qui sont le résultat de sujets greffés en écusson. On voit que ces greffes ont poussé d'à peu près cinq pieds, ce qui est le terme moyen dans les pépinières. Les deux rameaux ont à peu près la même vigueur sans avoir la même configuration. L'un d'eux, *fig.* 7, est muni d'une infinité de faux rameaux, ce qui n'existe pas sur la *fig.* 8. Toutes les fois que de semblables productions se trouvent placées sur des rameaux destinés à prolonger une tige ou propres à sa création, on devra les utiliser pour donner naissance aux branches latérales, qui seront taillées de manière à commencer la pyramide ; de sorte que plus ces productions seront éloignées de l'œil terminal combiné, plus elles devront être taillées long. Leur plus ou moins de force n'aura aucune influence sur cette opération ; tout dépend de leur position. On

voit, par exemple, deux de ces faux rameaux qui
sont restés sans être taillés, dans l'espoir de les faire
développer. A l'aide des suppressions que l'on devra
faire sur toutes les autres parties, on y parviendra facilement.

On remarque, dans le voisinage de la suppression
faite sur le rameau principal, trois petits faux rameaux
qui ont le caractère de dards ; ceux-ci sont taillés
d'autant plus court qu'ils se rapprochent davantage
de l'œil terminal combiné. Il n'eût pas été prudent de
conserver ces dards dans toute leur intégrité, en ce
que l'œil terminal de chacun d'eux, à cause de leur
position, les aurait mis dans le cas de se développer
avec beaucoup trop de force, comparativement aux
autres productions placées en dessous [1].

1re *taille*. Elle doit être toujours plus ou moins
longue, en raison de la force des individus soumis à
cette forme ; mais cette longueur ne devra dépasser
la moitié que dans des cas extraordinaires. Il est également rare que les rameaux soient taillés à plus des
deux tiers. On aura égard aussi à l'état des yeux ;
s'ils sont bien constitués et à la base des rameaux auxquels ils appartiennent, et qu'ils offent peu de différence avec ceux du voisinage de l'œil terminal combiné, l'on pourra tailler les rameaux vers la moitié
de leur longueur (voyez *pl.* 5, *fig.* 8). Si, au con-

____

(1) Tout ce qui vient d'être dit sur les faux rameaux destinés à
créer des branches latérales ne doit être considéré que comme acces-
soire ; c'est pourquoi je l'ai placé en dehors de la première taille sur
l'arbre *fig.* 7.

traire, les yeux offrent une différence trop sensible,
l'on réduira le rameau à son premier tiers. Dans
tout état de cause, il vaudra beaucoup mieux tailler
un peu plus court que trop long, parce qu'il est toujours plus facile de faire passer la sève du centre vers
l'extrémité, que de l'extrémité vers le centre. L'œil
terminal sera choisi parmi ceux qui sont le plus convenables pour continuer la tige. Ceci n'a pas été fait
exactement dans l'arbre qui est représenté, car il aurait fallu prendre l'œil qui est au-dessous ; mais étant
trop faible pour remplir cette fonction, on aura été
contraint d'opérer sur le 4ᵉ, ce qui aura rendu la
taille trop courte.

2ᵉ *taille*. Avant de traiter de cette taille, je dois
faire remarquer les résultats de la 1ʳᵉ sur deux individus de même force, où ces résultats n'ont pas été semblables, ainsi que l'indiquent les *fig.* 9 et 10 de la *pl.* 5.
L'on voit, *fig.* 9, trois rameaux latéraux, A, B, C, placés dans le voisinage de la taille, dont le volume est
en disproportion avec ceux du même genre placés au-
dessous. Cette disproportion est l'effet de la négligence lors du pincement. À cette époque, il eût été
nécessaire de [illegible] d'après les principes que j'ai établis [illegible] aurait eu un résultat
semblable à celui de [illegible]. Dès lors les opérations de ces deux [illegible] ne vent plus être en rapport, quoiqu'ils aient la même vigueur et qu'ils tendent au même but. C'est pourquoi je vais dire ce
qu'il faut faire pour chacun d'eux, en commençant
par la *fig.* 9.

Considérant le besoin du développement des rameaux et des yeux placés à la base de la tige, la seconde taille sera établie, à 6 pouces ou environ de la première, sur un œil disposé à maintenir la perpendicularité de la tige. Si cet œil paraissait un peu trop volumineux, on pourrait, par l'opération de la taille, en faire l'éventage (voyez *pl.* 1 , *fig.* 10), afin de suspendre à son trop de développement. Mais il faut être circonspect dans de telles opérations, afin de ne pas s'exposer à la perte de cet œil, que l'on ne remplacerait que très difficilement. Il vaudrait mieux, pour quelqu'un de peu exercé, s'assurer de son développement ; et , lorsque son bourgeon aurait pris un caractère trop prononcé , il serait pincé par son extrémité , ce qui le retarderait au profit de la masse.

Les rameaux supérieurs à celui dont je viens de parler seront taillés de la manière suivante. Le rameau A sera démonté totalement en enlevant toute la couronne ou empatement qui se trouvera dessous et dessus, afin qu'il ne forme aucune nodosité le long de la tige dans le sens de la coupe ; néanmoins il devra en rester une petite portion des deux côtés, afin qu'il puisse en sortir quelques faibles bourgeons incapables de dominer les autres, ce qui aurait pu arriver si le rameau avait conservé sa couronne [1]. Si, dans la position qu'il occupe, ce rameau n'avait que la dimension de celui D , on pourrait le retran-

---

[1] Une foule de cultivateurs , qui ne connaissent aucunement le résultat de leurs opérations , taillent de semblables rameaux à deux , trois et quatre yeux, comme je le ferai remarquer à l'article quenouille, ce qui est un défaut très grave

cher en lui conservant sa couronne, et, s'il avait le
volume de celui E, on pourrait le tailler sur le premier œil. Le rameau B, étant un peu éloigné de la
taille, devra être retranché en lui conservant une
faible portion de sa couronne ; c'est-à-dire que cette
couronne devra être un peu éventée. Le rameau C
étant encore plus éloigné et plus faible que les précédens, sera taillé sur le premier œil avec la précaution
de l'éventer un peu. Le rameau D sera taillé à deux
pouces ou environ, ce qui lui donnera l'avantage
d'avoir deux ou trois yeux, afin de le maintenir dans
l'état d'équilibre où il se trouve. Le rameau E est
encore taillé plus long sur un œil supérieur, afin qu'il
développe plus sûrement cette branche. Il est vrai
que le bourgeon qui se développera dans cette position pourra s'élever perpendiculairement le long de
la tige ; mais à l'époque de la seconde opération il
aura rempli son but, et on pourra rabattre sur le
rameau qui se sera développé de l'œil que l'on voit
placé inférieurement.

L'autre petit rameau, placé au-dessous de tous ceux
que nous venons de passer en revue, a le caractère
de brindille un peu grasse par son extrémité, ce
qui donne l'espoir qu'en le laissant entier il se développera avec assez de force pour se mettre en équilibre avec tous les autres. Si l'on craignait de ne pas
obtenir un succès complet, on pratiquerait le long
de la tige et en dessous de ce rameau deux ou trois
incisions longitudinales qui viendraient aboutir sur la
couronne de ce rameau, ce qui détendrait les écorces,

et donnerait la facilité à la sève de s'y porter abondamment.

Si c'est une branche faible dont on veuille aider le développement, les incisions devront y être pratiquées de manière à ce qu'elles communiquent sur celles dont je viens de parler. On peut joindre à ces différens moyens celui qui vient d'être annoncé récemment dans les Annales de la société d'horticulture, n°s 7 et 8, par M. Leclerc, qui dit avoir conçu et pratiqué cette méthode dans une de ses propriétés de Maine-et-Loire.

Ce savant pouvait à juste titre déclarer que cette ingénieuse idée lui était déjà venue lors de nos leçons particulières dans les écoles d'agriculture de Paris. Cette opération consiste à faire des entailles dans l'épaisseur de l'aubier au-dessus des yeux latens (voyez *pl.* 5, *fig.* 9). Le même procédé peut être mis en usage pour des branches et rameaux faibles dont on veut rendre la réussite assurée[1].

Cette pratique peu connue, et peu employée pour des pyramides bien tenues, est pour ainsi dire indispensable pour des quenouilles qu'une main habile sera chargée de réparer. Cette opération a pour but de retenir la sève montante au profit de chaque branche que l'on veut développer, dans une proportion combinée d'après l'étendue des entailles, qui, en pareil cas, devront être plus larges que profondes, afin de

(1) Il y a un principe important à observer dans les pyramides, c'est que les branches latérales tournées du côté du nord poussent toujours moins que celles qui regardent le midi. Il faut tenir compte de cet effet dans la formation de ces branches.

ne pas exposer la tige à être rompue par les vents. Je dirai en terminant que les différentes opérations indiquées doivent être rigoureusement faites dans l'espoir de faire développer les deux petits dards placés au bas de l'arbre, et de leur faire produire deux bonnes branches utiles à son organisation.

Passons à la 2ᵉ taille, *fig.* 10. J'ai déjà fait remarquer sur cet arbre l'importance du pincement qui aide à la répartition égale de la sève dans les différens rameaux latéraux. Le rameau terminal a été taillé beaucoup plus long que dans l'exemple précédent; néanmoins il a fallu tenir compte des observations que j'ai faites relativement à l'état des yeux; et cette taille a été combinée pour que tous les yeux latéraux qui s'y rencontrent puissent se développer, et former des rameaux semblables à ceux qui ont résulté de la 1ʳᵉ taille.

Les différens rameaux sont taillés d'après les formes prescrites, puisque leur ensemble forme une pyramide aussi régulière que possible. Je n'entrerai pas dans des détails pour chacun d'eux, parce que je répéterais ce que j'ai dit pour la *fig.* 9.

La théorie qui dirige dans la conduite de ces rameaux a pour but important de créer des branches latérales au fur et à mesure qu'ils se développent sur la tige, de les espacer à des distances jugées convenables afin qu'elles ne forment aucune confusion durable, et de faire en sorte que ces branches conservent entre elles et la tige un équilibre parfait. Cette théorie sera expliquée à mesure que nous nous occuperons d'arbres plus avancés en âge; mais avant de quitter cet exemple je ferai remarquer la position des yeux destinés au prolongement de ces différentes branches.

En général, les yeux placés en dessous devront être préférés, à moins de circonstances particulières que j'ai expliquées en parlant du rameau E, fig. 9. Il est encore un autre cas qui empêche l'observation de cette règle : c'est lorsqu'il sera nécessaire de bifurquer une branche, ou de l'éloigner d'une de ses voisines pour la rapprocher d'une autre. Ceci se pratiquera en taillant sur l'un des côtés qui sera désigné par le besoin. Les bifurcations devront toujours être établies sur les branches les plus vigoureuses, avec l'attention qu'elles les partagent de droite à gauche, *et vice versâ*. Il est toutefois beaucoup de cas où il est nécessaire de les établir du haut en bas, mais jamais de bas en haut, parce que la création d'une branche dans ce sens ferait périr tôt ou tard celle qui lui aurait donné naissance.

Il est beaucoup d'arbres de l'âge de ceux qui nous occupent qui sont plus ou moins forts que ceux que j'ai figurés. Les principes des opérations qu'ils exigent sont les mêmes, sauf les modifications nécessitées par la vigueur des individus.

3ᵉ *taille. fig*. 11. Cet arbre est le résultat de la 2ᵉ taille, *fig*. 10.

La branche n° 1 est restée sans être taillée : on en voit les résultats. Celle n° 2 a été taillée à 5 et 6 pouces ; on voit qu'elle a donné naissance à trois rameaux. Celui qui est destiné à la continuation de cette branche devra être taillé vers le 4ᵉ œil en raison du sens où on peut l'observer ; considération à laquelle pourtant il ne faut pas toujours s'arrêter sans un examen bien approfondi. Après s'être rendu compte de l'œil le plus favorablement placé selon les principes que j'ai expliqués à la seconde taille, on se présentera en face de cette branche en portant la main gauche au-dessous de la partie que l'on veut opérer, le pouce placé en arc-boutant sous l'œil ; le taillant de la serpette sera porté sur l'endroit même où doit se faire l'opération, en lui faisant prendre la direction que l'on veut donner à la plaie ; et, par un tour de main habile et vigoureux, l'amputation sera faite. Ensuite on réformera totalement le rameau placé en dessus de la branche, en conservant toutefois un peu de couronne du côté qui offrira le plus d'espoir de donner un dard ou brindille qui, devenu branche à fruits, ne forme aucune confusion.

Le troisième rameau sera conservé pour former une bifurcation ; on le taillera sur le 3ᵉ œil, comme étant le plus propre à la continuer.

La branche n° 3 ne diffère de celle n° 2 que parce que le rameau destiné à la continuer sera taillé sur le 5ᵉ œil. Le rameau qui existe à la base de cette branche sera conservé entier dans le but d'en faire une branche à fruits.

Le n° 4 représente une brindille de deux années, qui, comme on peut le voir, *fig.* 10, avait été disposée à la formation d'une bonne branche latérale. Mais l'œil terminal a été avarié ou détruit, ce qui l'a empêché de remplir le but proposé ; et, comme elle est réduite à l'état de branche à fruits, il serait difficile de la faire changer d'état sans opérer des suppressions considérables sur toutes les autres branches de son voisinage.

, Le n° 5 représente une branche en avant qui ne permet pas de déterminer la longueur des deux rameaux vigoureux dont elle est munie, et que l'on disposera de manière à former une bifurcation. L'autre petit rameau formant un dard sera conservé précieusement, afin d'en faire une branche à fruits.

Le n° 6 porte deux rameaux. Celui qui termine la branche sera probablement taillé sur le 4° œil, ce que je ne peux déterminer positivement, parce qu'il se trouve peu apparent. Le rameau supérieur sera traité comme celui du même genre placé sur la branche n° 2.

Le n° 7 désigne une branche terminée par un rameau dont on n'a pu fixer la longueur, parce que plusieurs yeux sont marqués par la position. On remarque que la 1re taille sur cette branche a été établie à trois pouces ou environ, ce qui a conservé deux yeux. Le terminal était un peu faible comparativement au second; mais, lorsque ce dernier s'est développé, on l'a pincé de façon à le maintenir pour ainsi dire dans un état d'*inertie*.

Le n° 8 est dans le même cas que le n° 5, mais vu plus en face; on remarque qu'à l'époque du développement de cette branche, *fig.* 10, elle offrait un très petit volume; mais la position ou propreté de la première taille lui a permis de prendre un très grand développement; c'est ce qui oblige quelquefois à pincer ces productions afin qu'elles ne prennent que les dimensions propres à la formation des branches latérales, sans menacer l'existence de la tige.

La branche n° 9 est à peine apparente. Elle porte un rameau de deux pieds et demi ou environ de longueur; il sera taillé sur le 5ᵉ œil, afin de le mettre en concordance avec ceux qui sont opérés. Le reste des opérations est tout-à-fait semblable à ce qui a été dit pour la 1ʳᵉ et la 2ᵉ taille. D'après les principes que je viens de poser, j'ai cru pouvoir me dispenser de donner des figures de la 4ᵉ et 5ᵉ taille ; seulement il m'a paru nécessaire de donner les résultats de cette dernière, et les dispositions de la 6ᵉ taille.

L'on voit que les différentes tailles sur la tige de l'arbre représenté *pl.* 6 n'ont pas été faites dans une égale proportion, puisque la seconde et la troisième sont assez rapprochées de la première. Il est probable que cette première avait été un peu trop allongée, ou que sa vigueur paraissait ralentie lors de cette opération. On remarque que cet arbre a donné des fruits, puisqu'il est déjà muni de quelques bourses. C'est par cette même raison que les branches à fruits commencent à se multiplier. Sur un arbre de cette vigueur, il est bon d'en avoir un assez grand nombre, dussent-elles former un peu confusion, afin d'arrêter un peu son développement. C'est surtout dans sa partie supérieure que l'on doit chercher à les multiplier, parce qu'elle en est le moins pourvue. La partie inférieure en est suffisamment garnie ; plusieurs des branches latérales de cette partie sont même arrêtées au point où il est prudent de diminuer le nombre de leurs boutons, afin de ne pas trop les fatiguer. On y parviendra en réformant quelques-unes de ces branches à fruits.

C'est ainsi que les réformes se feront successive-ment, soit en partie, soit en totalité, à mesure qu'une branche ou l'arbre lui-même s'affaiblira. On remarque sur cet arbre les différentes tailles des branches latérales qui ont été faites dans la longueur de 6 à 8 pouces ; néanmoins, pour des arbres plus vi-goureux, la taille devra être faite beaucoup plus long, ce qui pourra être fixé à la moitié des rameaux toutes les fois qu'ils seront dans une position conve-nable à l'organisation de la pyramide. Il est rare que l'on soit contraint à leur donner un plus grand dé-veloppement pour les faire rapporter ; cependant je me suis vu quelquefois forcé d'arquer quelques ra-meaux propres à la formation ou à la continuation des branches latérales.

Cette méthode, que je n'admets que dans des cas rares pour des arbres extrêmement vigoureux et rétifs, devra être attentivement observée, attendu que des branches ainsi arquées se chargent d'une très grande quantité de fruits, qui bientôt diminue-ront l'extrême vigueur de l'arbre. Mais il ne faut pas attendre qu'il soit trop affaibli pour réformer ces parties. Le moment est convenable lorsqu'il s'est formé une quantité suffisante de branches à fruits sur d'autres parties que celles dont nous venons de parler. Cette méthode, préconisée par Cadet de Vaux, ne donne aucune garantie contre l'appauvris-sement des arbres ainsi traités ; ce qui arrive instan-tanément. Si toutefois les terres sont profondes et

riches, les arbres pourront se soutenir plus long-
temps ; mais il faudra admettre les conséquences que
je viens d'expliquer; autrement les branches arquées
mettront de la confusion dans d'autres branches
aussi utiles aux progrès des fruits, qui, dès lors, seront sans couleur, peu savoureux et malsains.

Lorsque les différens arbres dont j'ai parlé jusqu'alors seront suffisamment pourvus de branches
à fruits, on devra les tailler beaucoup plus court que
je ne l'ai indiqué. Il arrive même une époque où l'on
est contraint de diminuer la longueur des branches
latérales dans des proportions assez considérables,
afin de concentrer la sève au profit des branches à
fruits, dont on ne conserve qu'un petit nombre,
surtout sur les arbres qui arrivent à l'état de caducité.

Dans cet état de choses, il est souvent prudent
pour les genres poirier, abricotier et prunier, de ravaler toutes les branches latérales sur leur couronne,
afin qu'il sorte de ces parties des bourgeons vigoureux, qui, arrivés à l'état de rameaux, seront espacés
entre eux et taillés très long au printemps suivant.
Bientôt les pyramides se trouveront rétablies et en
état de donner des fruits en abondance.

L'on n'attend pas toujours, pour faire cette opération, que les arbres soient arrivés à l'état de caducité.
Cette époque est souvent indiquée, dans les poiriers,
par la présence de plusieurs rameaux qui sont les produits des yeux iuattendus qui se développent le long
de la tige. Néanmoins, quand la plus grande partie des
branches latérales est encore en bon état, on se con-

tentera seulement d'utiliser les nouveaux rameaux qui seront convenables pour le remplacement des branches appauvries ou sur le point de le devenir. On les remplacera successivement et toujours avec avantage, parce que du jeune bois vaut mieux que du vieux. Il arrive aussi quelquefois que tout ce que je viens de dire ne peut servir de base pour déterminer à faire le ravalement des branches latérales, en ce qu'il n'est pas rare de voir des arbres du genre poirier plantés dans des terres un peu froides, à des situations humides, qui, quoique jeunes encore, vigoureux et bien traités, sont attaqués d'une foule de chancres qui affectent d'autant plus les branches à fruits qu'elles sont plus noueuses, plus petites et plus délicates, ce qui les met hors d'état de produire des fruits ; dès lors le ravalement des branches latérales est indispensable. On aura ensuite le plus grand soin de gratter toutes les parties affectées qui se rencontreront sur la tige. Cette opération sera suivie d'un engluage de lait de chaux éteinte avec de la lessive, dans laquelle l'on aura fait dissoudre un peu de savon noir, afin de détruire cette maladie dont on attribue la cause à un insecte. Les terrains secs, brûlans, et les expositions chaudes, produisent une autre maladie connue sous le nom de *lèpre*, qui, sans être aussi apparente, partage tous les dangers avec de la précédente, si elle n'est pas plus redoutable encore. Les moyens de s'opposer à cette maladie sont les mêmes que ceux que j'ai indiqués plus haut.

Avant de quitter la pyramide, je ferai remarquer la branche A qui parce qu'on a négligé le pincement du bourgeon, forme un rameau dans le voisinage de la dernière taille; l'on voit combien le rameau terminal en a souffert; l'état de décrépitude où il se trouve, joint à celui du bout de branche qui l'alimente, laquelle offre une espèce de retrait qui empêche la libre circulation de la sève, indique un mal trop grand pour espérer son rétablissement en réformant le rameau supérieur. Cette opération ne ferait qu'empirer le mal par la plaie énorme que nécessiterait cette réforme. Il vaut donc mieux faire l'opération qui a été indiquée *pl.* 4, *lettre* P. Mais ici on n'a pas la ressource de pouvoir maintenir ce rameau à la place jugée convenable; ce n'est qu'à l'aide d'un petit appareil que l'on y parviendra, mais non sans peine. À l'exception de cette branche, toutes les autres opérations n'offrent rien de particulier.

L'on peut également juger, par ce que j'ai dit, des opérations qui auront lieu sur les arbres plus avancés en âge et plus ou moins vigoureux, ce qui me dispense de donner d'autres figures.

Lors de la création de ces arbres, je me suis arrêté sur les différens moyens de contraindre la sève à développer des branches latérales; mais il arrive quelquefois que, pour avoir donné trop d'extension à ces branches, elle finissent par s'emparer d'une trop grande quantité de sève, ce qui rompt bientôt l'équilibre qui doit exister entre la tige et elles. Pour atteindre ce but, il faut beaucoup de prévoyance; c'est pourquoi il ne faut pas attendre que le mal soit trop grand pour le réparer, ce qui serait d'autant pludifficile que les vaisseaux séveux seraient trop ouverts dans une partie, tandis qu'ils seraient presque desséchés dans l'autre.

Supposons que l'arbre que j'ai figuré *pl.* 6 vienne à s'affaiblir dans sa partie supérieure, et que le rameau terminal n'ait poussé que dans la proportion de 8 à 9 pouces; supposons encore que les rameaux terminaux de chaque branche latérale aient poussé dans les proportions que la figure représente, lesquelles offrent une grande différence. Il s'agit de trouver les moyens de rétablir l'équilibre. Si on en croyait quelques auteurs, il faudrait tailler la partie faible très court et la partie forte très long, et on aurait bientôt une désorganisation complète. C'est parce qu'elles ont été traitées ainsi que l'on voit quelques pyramides et beaucoup de quenouilles couronnées dès l'âge de 8 à 10 ans, n'offrir dans les jardins qu'un aspect dégoûtant. Pour garantir les arbres d'un tel désastre, il faut tailler la partie forte très court et le rameau destiné à prolonger la tige très long, si même on ne le laisse entier, en incisant alors les écorces de la tige au-dessous de ce rameau pour laisser un libre cours à la sève.

Si l'affaiblissement de l'arbre avait lieu dans la partie inférieure, il faudrait agir de la même manière, mais en sens inverse.

§ II. De la taille en pyramide sur pommier.

Le pommier se prête assez volontiers à cette forme; elle est toutefois moins employée à son égard que pour le poirier, quoiqu'elle réussisse aussi bien. Il faut observer toutefois que le pommier ne souffre que difficilement les grandes amputations, ce qui s'oppose à l'emploi du recépage des branches latérales, ainsi que je l'ai indiqué pour le poirier. La conduite des pommiers en pyramide exige donc encore plus de soins que pour les poiriers, surtout pour maintenir un égal équilibre de la sève, qui, dans de certaines espèces, a une tendance à se porter abondamment dans les branches latérales, aux dépens du prolongement de la tige. Il faut donc, en créant ces branches, s'efforcer de rendre la tige dominante. Cette condition sera facilement obtenue par les moyens que j'ai indiqués dans le paragraphe précédent. Toutefois, celui de tous qui doit être d'un emploi plus répété est sans contredit le pincement, qui évite les fortes plaies sur la tige. Si l'on était contraint à faire des amputations, bientôt les plaies se multiplieraient, entraveraient le libre cours de la sève et empêcheraient le développement des rameaux placés à l'extrémité de la tige; la langueur qui en serait la suite rendrait son prolongement impossible.

Supposons que l'arbre, *pl. VII, fig.* 3, soit un pommier, les opérations qu'il a subies feraient craindre que la tige fût éventée, et que l'œil destiné à son prolongement donnât des résultats fâcheux[1]. Néanmoins, pour ce genre d'arbres, on ne pourrait employer d'autres moyens, puisque celui indiqué est le seul capable de déterminer sûrement la sortie des rameaux vigoureux à la base de la pyramide; et d'autant plus que les entailles, que j'ai éga-

[1] Cet inconvénient n'est pas à craindre pour le poirier.

lement conseillées en pareil cas, peuvent produire les mêmes inconvéniens, surtout si elles sont trop multipliées.

§ III. De la taille en pyramide sur abricotier.

Les précautions que j'ai recommandées à l'égard des pommiers devront être encore plus strictement observées pour les arbres à fruits à noyau, et surtout pour l'abricotier. Il n'y a, pour ainsi dire, que le pincement qui puisse donner le moyen d'obtenir des pyramides avec ce genre d'arbres. Si dans leur jeunesse on les expose à recevoir de fortes plaies, on court risque que la gomme s'y mette, produise des chancres, et par suite la perte de l'arbre.

Le seul moyen d'éviter ce désordre est de pincer avec soin les bourgeons latéraux, ainsi que ceux destinés au prolongement des branches latérales, au fur et à mesure que l'on s'apercevra de leur trop de vigueur. Cette opération aidera le développement du bourgeon destiné à prolonger la tige, lequel pour l'ordinaire, lorsqu'il est devenu rameau, est taillé très long ou conservé entier selon les circonstances et par les raisons que j'ai déjà données en parlant des poiriers près de se couronner. Cependant il arrive une époque où ces arbres prennent ce caractère, parce que la nature cherche toujours à reprendre ses formes. Alors les branches latérales auront pris une très grande dimension, et seront en général dénuées de rameaux et de branches à fruits dans les deux premiers tiers de leur longueur. Il faudra profiter de ce que ces arbres seront fatigués

par une trop grande production de fruits, ou choisir
un moment où les gelées printannières auront détruit
tous les boutons avant ou après la floraison, pour
faire le ravalement de toutes les branches latérales.
A la fin de l'année elles seront remplacées par des
rameaux disposés à donner des fruits abondans.

§ IV. Taille en pyramide sur prunier.

Le prunier offre les mêmes désagrémens que l'a-
bricotier; il est cependant moins difficile dans sa
formation, et les branches latérales se maintiennent
beaucoup plus long-temps sans qu'on soit obligé de
les receper.

Cette forme, quoique très agréable pour ces deux
genres d'arbres, n'est cependant pas la plus avantageuse pour les produits en fruits.

Les pruniers devront être abandonnés à eux-mêmes, sauf le raccourcissement de quelques rameaux
qui voudraient dominer la masse, et le nettoyage
intérieur qui devra se pratiquer sur les vieilles branches épuisées et peu aérées.

Des arbres ainsi traités se maintiennent plus ou moins
long-temps en santé, en raison de la nature des terres.
Il arrive cependant une époque où il se développe
des rameaux sur les grosses branches, à peu de distance du tronc; ils semblent inviter le cultivateur à
faire le recepage de ces dernières. Cette opération
doit se faire, non pas au moment de l'apparition des
rameaux, mais bien lorsqu'ils sont devenus des
branches assez volumineuses pour absorber la sève
des parties retranchées.

Section V. — *Taille des abricotiers en têtards.*

Ce mode de taille s'applique quelquefois aux abricotiers greffés sur pruniers à la hauteur de cinq pieds ; on retranche ensuite la partie greffée à 6 ou 8 pouces au-dessus du point de son insertion. Dans cet état on conduit ces arbres comme je l'ai dit pour la taille en vase ; ce qui se fait pendant trois ou quatre ans. Après ce temps, tous les rameaux au-dessous de 6 à 8 pouces seront conservés entiers ; les autres seront réduits au quart ou au tiers de leur longueur, sans chercher à obtenir trop de symétrie. Toutefois les rameaux destinés à être bifurqués devront être traités comme nous l'avons vu pour les arbres en vase. Ensuite on aura le plus grand soin de nettoyer les branches mortes ou mourantes, la mousse, la gomme et tous les objets capables de retenir l'humidité, qui nuit autant à ces arbres que la gelée.

On effectue le recépage de ces arbres de la même manière que pour les pruniers dont j'ai parlé plus haut.

Section VIe. — *De la taille en quenouille.*

Je ne fais pas connaître les principes de cette taille dans l'intention de les faire adopter, mais bien pour en indiquer les mauvais effets, et m'efforcer de la faire proscrire. Cela n'est pas facile auprès d'un grand nombre de pépiniéristes qui, par une routine aveugle, s'obstinent à conserver cette forme, qui a pour eux l'avantage de servir leurs intérêts. Il n'en sera sans doute pas de même auprès de mes con-frères et d'une foule d'amateurs qui conviennent déjà des inconvéniens de cette espèce de taille.

Pour mieux faire comprendre les dangers de cette méthode, j'ai figuré, *pl. VII, fig.* 3, une quenouille sortant des mains d'un pépiniériste. Cette figure représente un arbre de trois ans, âge auquel ces commerçans les livrent. Cet arbre est une crassane, espèce très vigoureuse qui, comme on peut le voir, a des rameaux très étendus dans sa partie supérieure, tandis que dans l'inférieure ils sont très courts, et la plupart couronnés par des boutons. Ces petits rameaux sont souvent rompus par le transport; ceux qui échappent sont disposés à prendre le caractère de branches à fruits. La plantation vient exciter encore cette abondante fructification prématurée. Il paraît tout naturel de conserver tous ces boutons dont la grande quantité de fleurs suffit pour énerver le jeune arbre dont les racines peuvent à peine fournir à ses premiers besoins; et comme les parties qui se mettent à fruits ne rendent rien aux racines, qu'au contraire elles absorbent beaucoup de sève, il en résulte un appauvrissement complet que les feuilles ne peuvent pas réparer. Elles sont d'ailleurs rares sur de tels arbres en comparaison des fruits, ce qui fait dire avec admiration aux propriétaires que leurs arbres portent plus de fruits que de feuilles. Mais un tel état ne peut durer long-temps; les feuilles servent à la respiration des végétaux; ce sont elles aussi qui aspirent dans l'atmosphère le gaz nécessaire à la nutrition des racines, et l'on peut dire avec raison

que, pour tous les végétaux ligneux, il n'y a point de
végétation sans feuilles. On peut donc conclure que
ces arbres qui n'en sont pourvus que d'une petite
quantité ne pousseront qu'en proportion de ce nombre ; c'est pourquoi ils vont toujours en dépérissant :
à moins que, plantés dans une terre de prédilection et
dans une atphosmère humide, la nature fasse plus que
l'art ; alors ils prennent de l'accroissement. Mais encore, s'ils sont dirigés par une main inhabile, ils ne
produisent que pendant les premières années, parce
qu'ils sont bientôt mutilés par la serpette ou le séca-
teur [1], qui les retient dans des bornes trop limi-
tées. Dès lors, tous les dards et brindilles prennent le caractère de branches à bois que l'on casse
et mutile de nouveau sans en obtenir aucun succès.

J'ai cru devoir faire ce tableau exact de la conduite des quenouilles, ce que le lecteur pourra vérifier en parcourant les jardins où il s'en trouve, afin
de dégoûter de cette forme. Cependant, en soumet-
tant les quenouilles à la forme en pyramide, on peut
en obtenir des produits considérables en fruits, dont
on est même étonné en en faisant la cueillette. Voyons
par quels moyens on peut restaurer ces quenouilles.

Le besoin de changer la forme des quenouilles se
fait sentir dès le moment de la plantation, dont je ne
donnerai aucun détail, en ayant déjà parlé page 138.
La première opération consiste à retrancher toutes

[1] Instrument à la mode et qui fait honte aux jardiniers qui s'en
servent. Il n'est propre qu'à mutiler les arbres, et ne peut être employé que par les personnes qui ne se doutent pas de l'importance de
la taille.

les branches et rameaux vigoureux placés à l'extrémité de cette quenouille, comme l'indique la *fig.* 3 *pl. VII*. Il y a lieu de penser que, sur la couronne de chacune de ces branches, il sortira des bourgeons assez vigoureux pour appeler la sève dans ces parties. Si quelques-uns y croissaient avec trop de vigueur, comparativement à ceux des parties faibles, il faudra avoir soin de réformer les plus forts aussitôt qu'ils paraîtront; les plus faibles seront conservés en nombre suffisant à la création des nouvelles branches, dont plusieurs de leurs bourgeons seront pincés très sévèrement aussitôt qu'ils auront acquis la longueur de deux à trois pouces, pour n'avoir plus rien à craindre de leur trop de végétation.

Tous les boutons qui se rencontreront sur cette quenouille devront être retranchés lors de leur épanouissement, sans attendre l'époque de la floraison. Lors de cette opération, on aura le plus grand soin à ce que le pédoncule de chaque fleur reste attaché à l'extrémité du rameau, qui dans cet état prend le caractère de bourse. Celle-ci produira un ou deux petits bourgeons qui prendront d'autant plus de volume que les arbres seront plus vigoureux. A l'époque de la seconde taille, il se trouvera sur ces arbres une très grande quantité de boutons qu'il faudra détruire, comme je l'ai indiqué pour la 1re taille.

Le reste des opérations est conforme à ce que j'ai dit pour les pyramides.

A l'époque de la 3e taille, si les arbres sont vigoureux, on pourra leur laisser quelques boutons sur les parties les plus fortes, ce qui aidera à équilibrer la sève. Au fur et à mesure que ces arbres prendront de la force, on augmentera leurs produits; et lorsqu'ils seront proportionnés à la vigueur des individus, leur durée sera aussi grande que celle des pyramides dont ils ne diffèrent plus alors.

C'est ainsi qu'on peut rétablir des quenouilles qui n'auront subi que les mauvaises opérations des pépiniéristes; mais si ce sont des arbres mutilés par un jardinier maladroit, et qui soient couverts de têtes de saule, le seul moyen à employer est de ravaler toutes les branches latérales. Ensuite on les traitera d'après les principes que j'ai indiqués en parlant du ravalement des vieilles pyramides.

CHAPITRE II.

DES TAILLES ANCIENNES ET HÉTÉROCLITES.

Parmi les différens modes de taille que le célèbre professeur A. Thouin a réunis dans l'École d'agriculture du Jardin du Roi sous cette dénomination, je mentionnerai seulement ceux qui m'ont paru pouvoir être de quelque utilité aux cultivateurs. Je commencerai par la taille en palmette.

§ I. Taille en palmette.

Les arbres soumis à cette taille ne sont autre chose que des quenouilles, dont on a supprimé le canal directeur de la sève, à quatre ou cinq pieds de l'insertion de la greffe. Elles sont plantées contre un mur, sur lequel on fixe toutes les branches qui croissent à droite et à gauche le long de la tige. Les opérations qui leur sont applicables sont simples, puisqu'elles consistent à les espacer entre elles de 3 à 4 pouces [1], et à les incliner horizontalement pour la plupart. De tels arbres partagent tous les désavantages des quenouilles, en ce que d'une part les branches placées à leur base restent faibles et disposées à donner beaucoup de fruits dans les premières années, et celles de la partie supérieure au contraire sont trop fortes,

[1] Ce qui est trop rapproché pour le bien-être des branches à fruits.

puisque toute la sève s'y porte. Les cultivateurs qui se piquent de quelques connaissances profitent de leur vigueur, et ne se contentent pas de les laisser à l'angle que j'ai indiqué ; ils leur font décrire une portion de cercle vers la terre, ce qui les met infailliblement à fruits. Mais il se développe alors des rameaux très vigoureux en dessus et près de l'insertion de ces branches, ce qui les fait périr après quelques années de produit, quoique l'on cherche à éviter ce désastre en inclinant ces rameaux de bonne heure. Mais, arrivés à leur tour à l'état de branches productives, ils sont aussi détruits par de semblables rameaux.

On voit par ce court exposé que la sève et les fruits sont très mal répartis sur ces arbres ; mais cette forme plaît à quelques propriétaires, en ce que ces arbres donnent, comme les quenouilles, des jouissances rapides mais peu durables. Dix années d'existence sont souvent trop dans les terres médiocres, et si, comme je l'ai dit pour les quenouilles, il se trouve de ces arbres plantés dans de bonnes terres, ils finissent par s'emporter. Dans ce cas, le jardinier, même instruit, est souvent contraint de mutiler ou d'entasser les branches dans la partie supérieure, en ne pouvant trouver à les placer.

On pourrait jusqu'à un certain point corriger une partie de ce défaut en remplaçant cette forme par celle connue sous la dénomination de taille en queue de paon. Cette forme consiste à retrancher les quenouilles à 15 ou 18 pouces de l'insertion de la greffe ; tous les bourgeons latéraux qui croîtront à gauche et à droite de cette tige seront réservés, et palissés d'abord à un angle peu incliné ; le terminal devra être pincé avec soin, afin de l'empêcher de prendre du développement. A la 2ᵉ taille ce rameau sera taillé très court sur un œil derrière, si la chose est possible ; les rameaux latéraux seront taillés et placés de manière à correspondre avec le terminal, afin de présenter par leur ensemble la figure d'une queue de peau.

Ce qui vient d'être dit de la 2ᵉ taille devra être rigoureusement observé pendant les années suivantes, en veillant à ce que chacune des branches latérales soit inclinée au fur et à mesure des besoins. On voit que cette taille demande peu de théorie et doit être préférée aux palmettes ; car, en suivant exactement ce que je viens de prescrire, la sève se portera difficilement dans la partie supérieure, ce que l'on ne peut éviter dans les palmettes.

Parmi les différens modes de taille de cette série, ceux qui sont connus sous la dénomination de tailles à la Quintinie, à la Montreuil, à la Montmorency, à la Sieule, à la Cadet de Vaux, ont été l'objet de mes observations, et m'ont fourni la base des principes que j'ai établis.

§ II. Taille en éventail Fanon.

Cette taille peut être mise en usage avec succès pour des arbres vigoureux des genres poirier et pommier. Cette taille (*voy. pl. VIII, fig.* 1) consiste à retrancher le canal direct de la sève à quelques pouces au-dessous de l'insertion de la greffe, à établir ensuite deux rameaux qui partagent le tronc en deux parties égales. Ces deux rameaux seront maintenus perpendiculairement, et distancés entre eux de 6 pouces ou environ.

A la première taille ces rameaux seront opérés de manière à ce que les yeux terminaux combinés soient propres à continuer le prolongement des branches sans former de coude désagréable. Les yeux destinés à la création des deux premières branches latérales devront suivre les yeux terminaux d'aussi près qu'il sera possible, et dans le sens où sont placées ces branches. Si quelque circonstance obligeait à laisser des yeux intermédiaires, ils devront être éborgnés lors de la taille, ou au moins réformés pendant le premier ébourgeonnage.

Les bourgeons réservés devront être palissés et rapprochés autant que possible de la perpendicularité. A la seconde taille les deux rameaux destinés à la formation des deux premières branches latérales seront placés à l'angle où ils se trouvent[1], avec la précaution de les laisser dans toute leur étendue. Ce principe sera observé pour tous ceux de ce genre qui viendront successivement s'établir sur les mères-branches, ce qui donnera aux arbres une étendue considérable en peu de temps.

La création des autres branches latérales s'obtiendra d'après les principes que j'ai développés pour les deux premières A. Quelquefois lorsque les arbres

(1) Ceci pourrait être modifié, parce qu'il serait avantageux de n'installer les branches qu'au fur et à mesure du besoin, lorsqu'elles sont parvenues à la hauteur des murs ou du treillage sur lequel elles sont appuyées.

sont très vigoureux, l'on peut obtenir la création de
deux de ces branches de chaque côté, comme on peut
le voir par le résultat de la seconde taille aux lettres
B C. Mais ce moyen ne doit être employé que dans
quelques cas particuliers, comme celui d'une vigueur
extraordinaire, et il vaut mieux s'en tenir au premier.
Ces branches devront être distancées entre elles de
6 à 8 pouces.

Lorsque ces arbres seront arrivés à la hauteur des
murs ou treillages sur lesquels ils sont palissés, les
rameaux destinés à la continuation des branches-mères seront courbés de manière à ce qu'ils ne diffèrent plus des branches latérales, par leur extrémité.
Ces deux branches seront greffées au point où elles
se trouvent, par le procédé de la *greffe sylvain*, qui
consiste en deux entailles correspondantes faites
dans l'épaisseur de l'aubier.

Les opérations des branches latérales sont extrêmement simples ; ces branches ne devront éprouver
aucun retranchement à leur extrémité ; mais il faudra
beaucoup de soins lors du pincement, afin d'opérer
tous les bourgeons qui pourraient s'échapper de la
partie supérieure et en avant. Sans cette précaution,
on serait exposé à ce que plusieurs de ces bourgeons
s'emparassent d'une partie de la sève propre à alimenter les bourgeons destinés au prolongement de
chacune de ces branches ; c'est ce qui est arrivé à la
branche C. L'on remarquera sur cette figure que l'extrémité des rameaux destinés au prolongement de
chaque branche a été relevée, afin d'y attirer la sève
et les aider à prendre plus de développement.

Les arbres ainsi traités donneront abondamment des fruits. Quoique cette taille soit peu répandue, je la recommanderai comme étant d'une exécution facile, et propre à fournir des exemples très utiles pour remédier aux mauvais traitemens de beaucoup d'arbres de ce genre.

§ III. Taille en éventail Candelabre.

Cette taille est sans contredit une des plus vicieuses, parce que la sève est arrêtée dans ses mouvemens sans espoir d'obtenir des fruits abondans. Voyez la *pl. VIII, fig*. 2. Toutes les branches secondaires sont placées à angle droit sur la mère-branche, ce qui les expose à prendre un très grand développement. Cette vigueur oblige à les tailler très court ; car si on laissait seulement une de ces branches pendant trois ans sans être taillée, elle s'emparerait de toute la sève destinée à l'alimentation de l'arbre entier; et cependant on trouve des auteurs qui prétendent que, pour arrêter la vigueur d'une branche, il faut la tailler très long. Je ne m'arrêterai pas à cette assertion, que je crois avoir victorieusement réfutée en traitant de l'équilibre de la végétation.

Je terminerai ici la description de cet arbre, parce que les opérations qui lui conviennent peuvent être parfaitement saisies par le lecteur, et que d'ailleurs je ne conseille pas d'employer cette taille.

J'ai parcouru la tâche que je m'étais imposée, en m'efforçant de ne rien négliger qui puisse être utile aux cultivateurs et aux amateurs d'arbres bien taillés. Heureux si mes observations sur cet art important remplissent le but que je me suis proposé, qui est de rendre plus sûres et plus durables les jouissances des propriétaires d'arbres fruitiers, en même temps que la belle conduite de leurs arbres présentera partout un aspect qui annoncera leur vigueur et fera l'honneur de celui qui en aura la direction.

FIN.

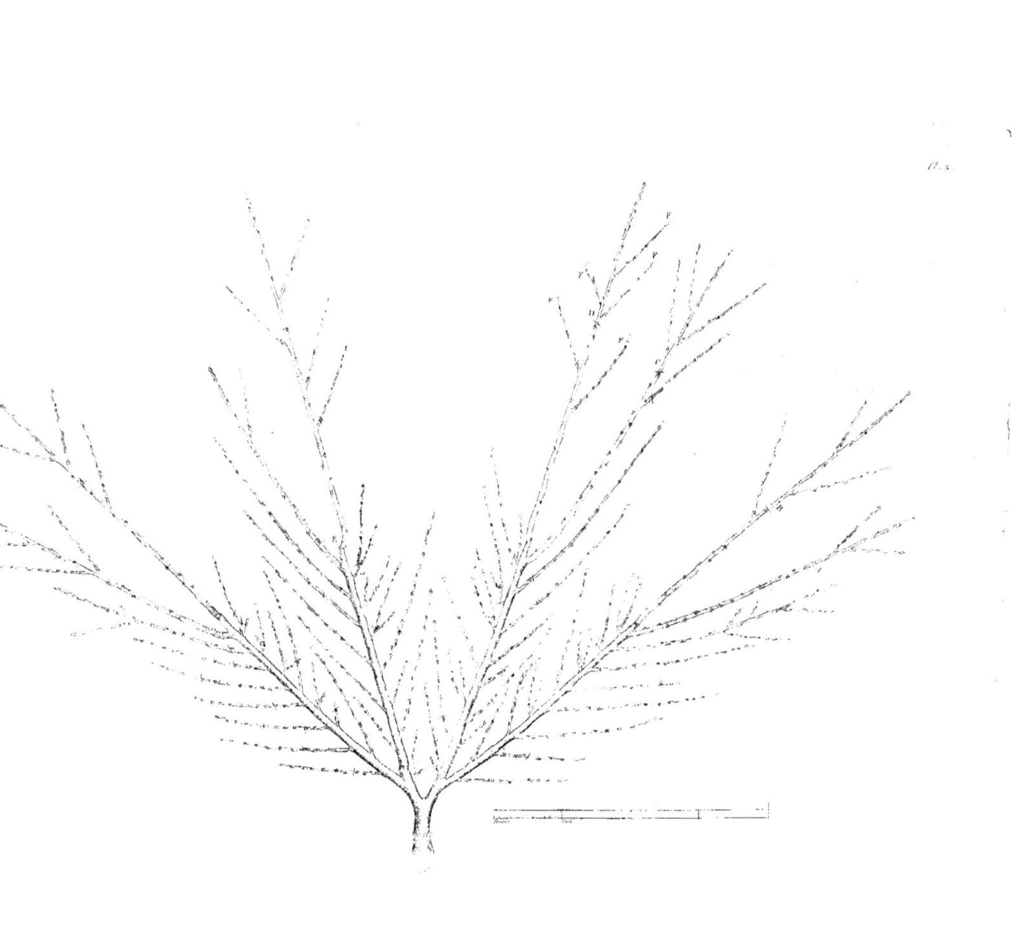

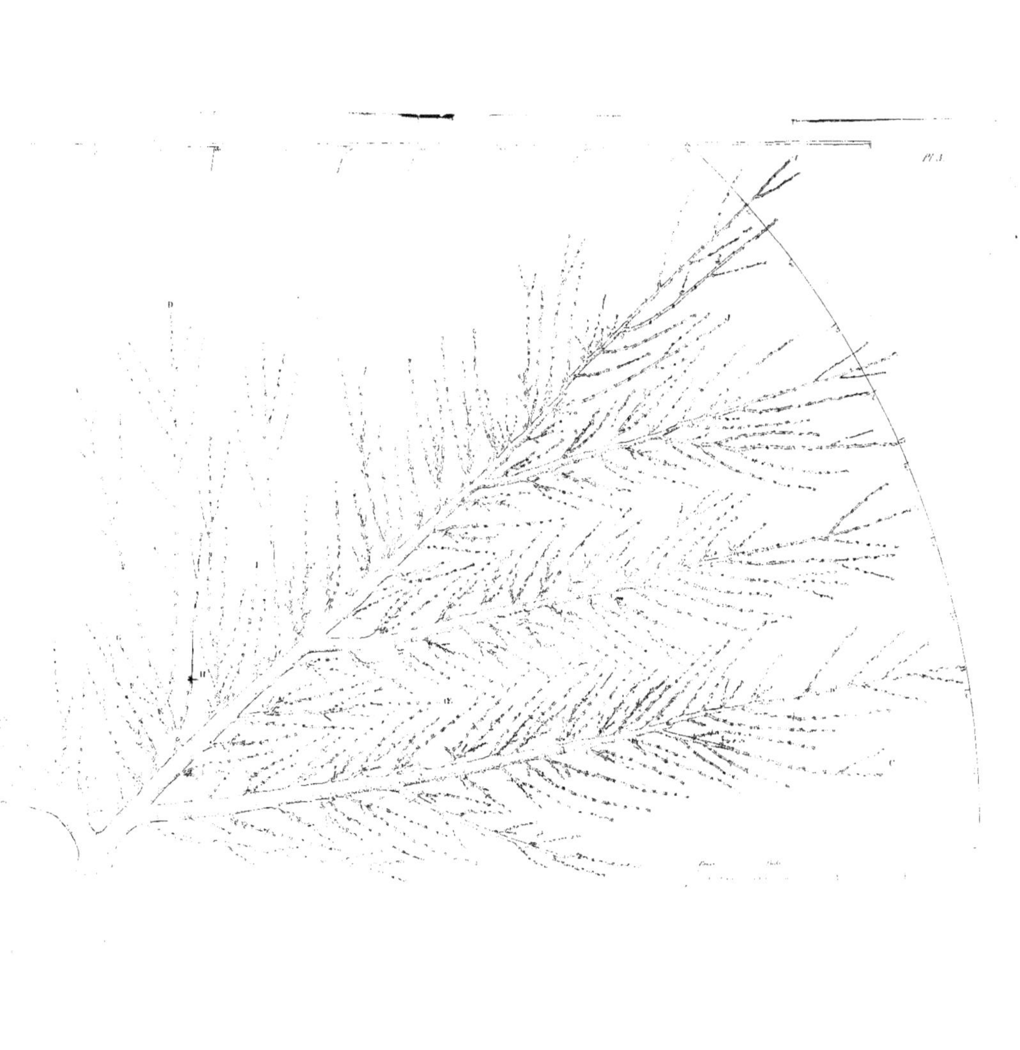
D
H
Pl. 1

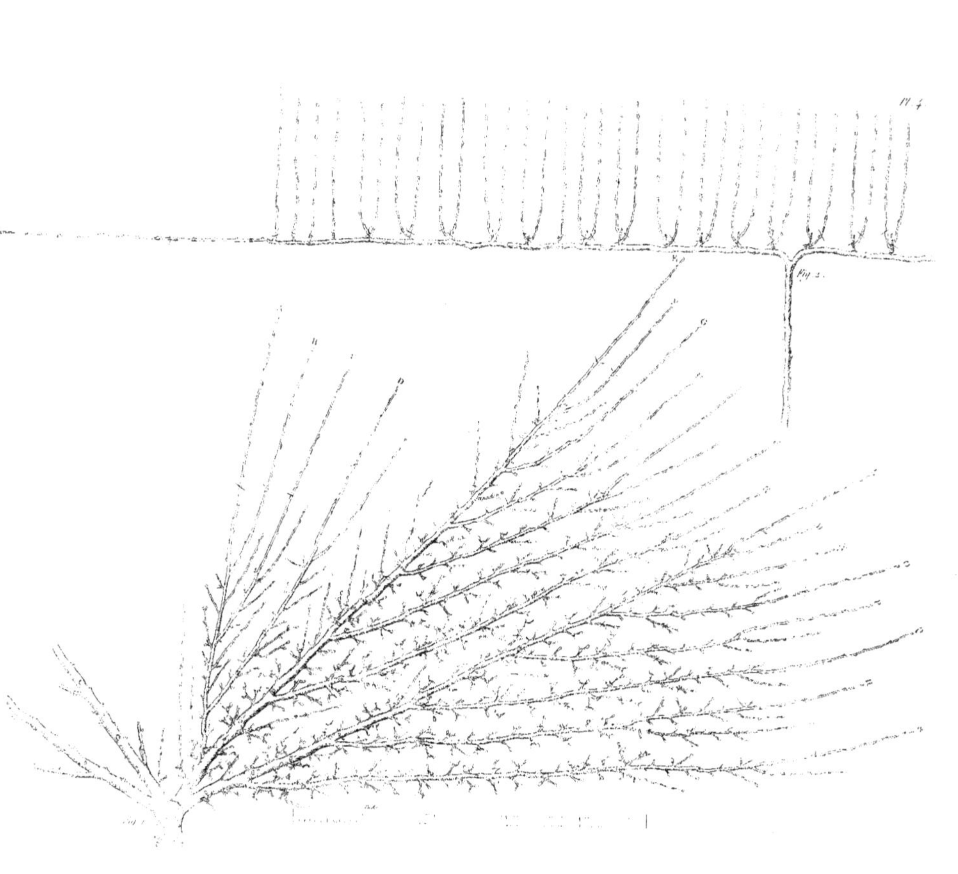

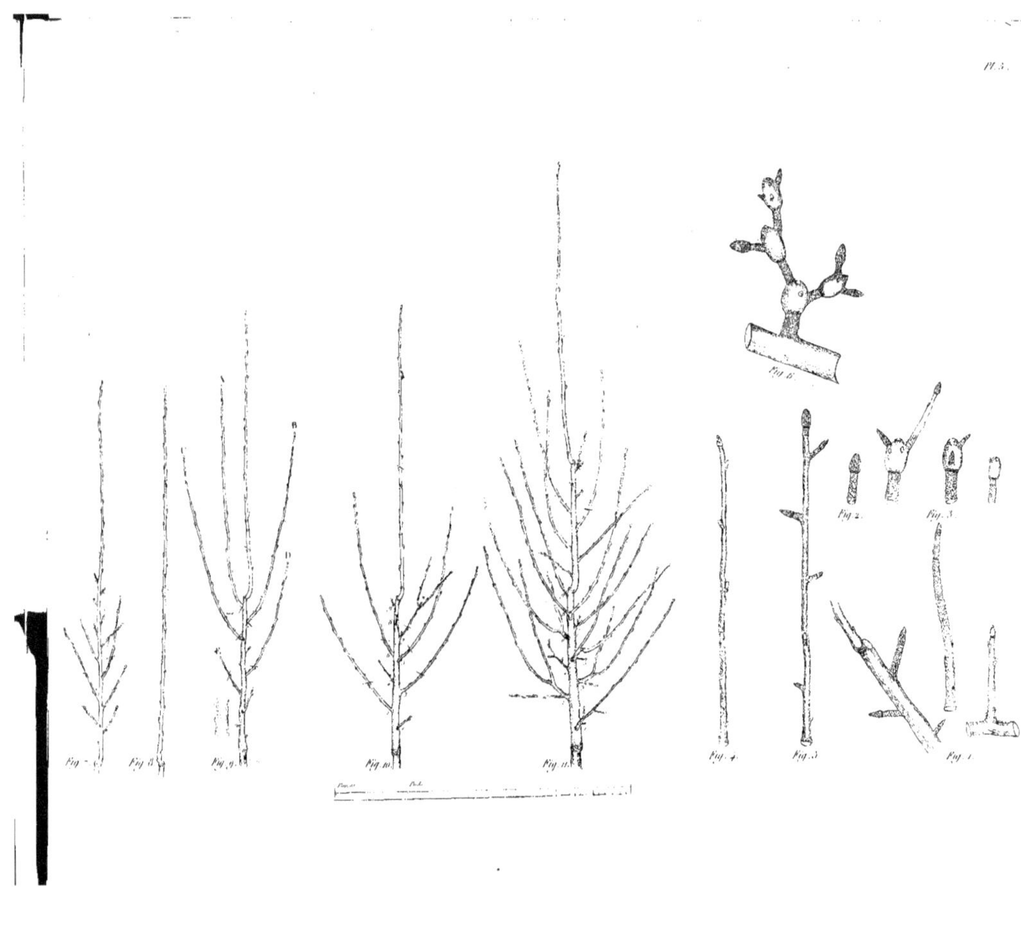

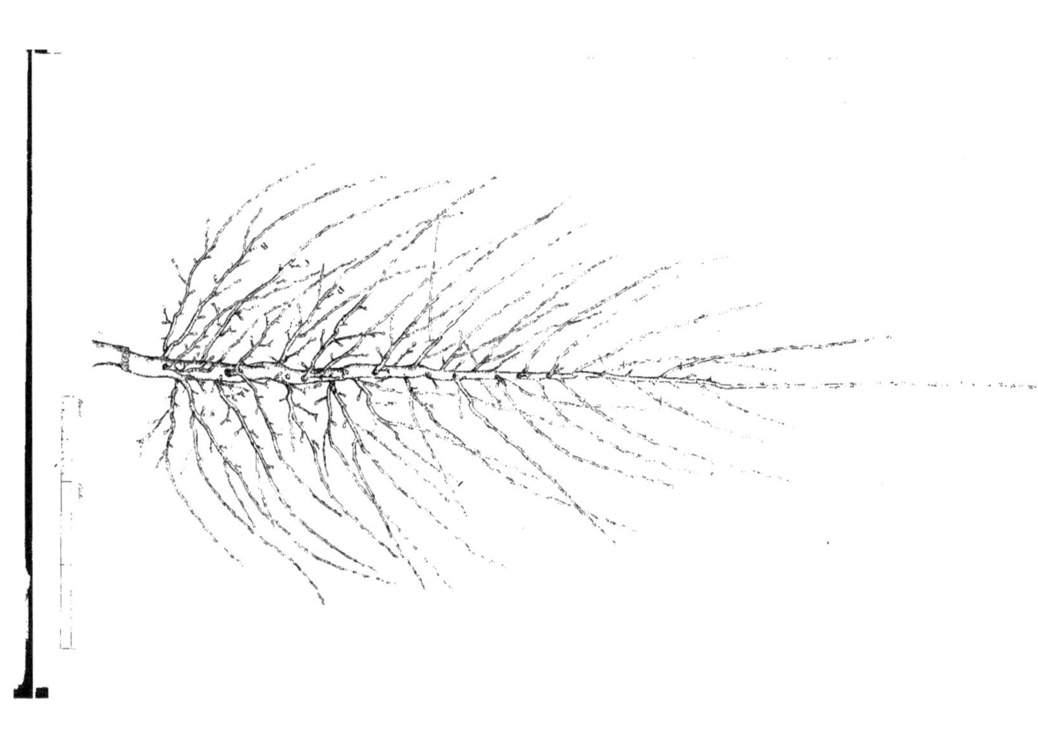

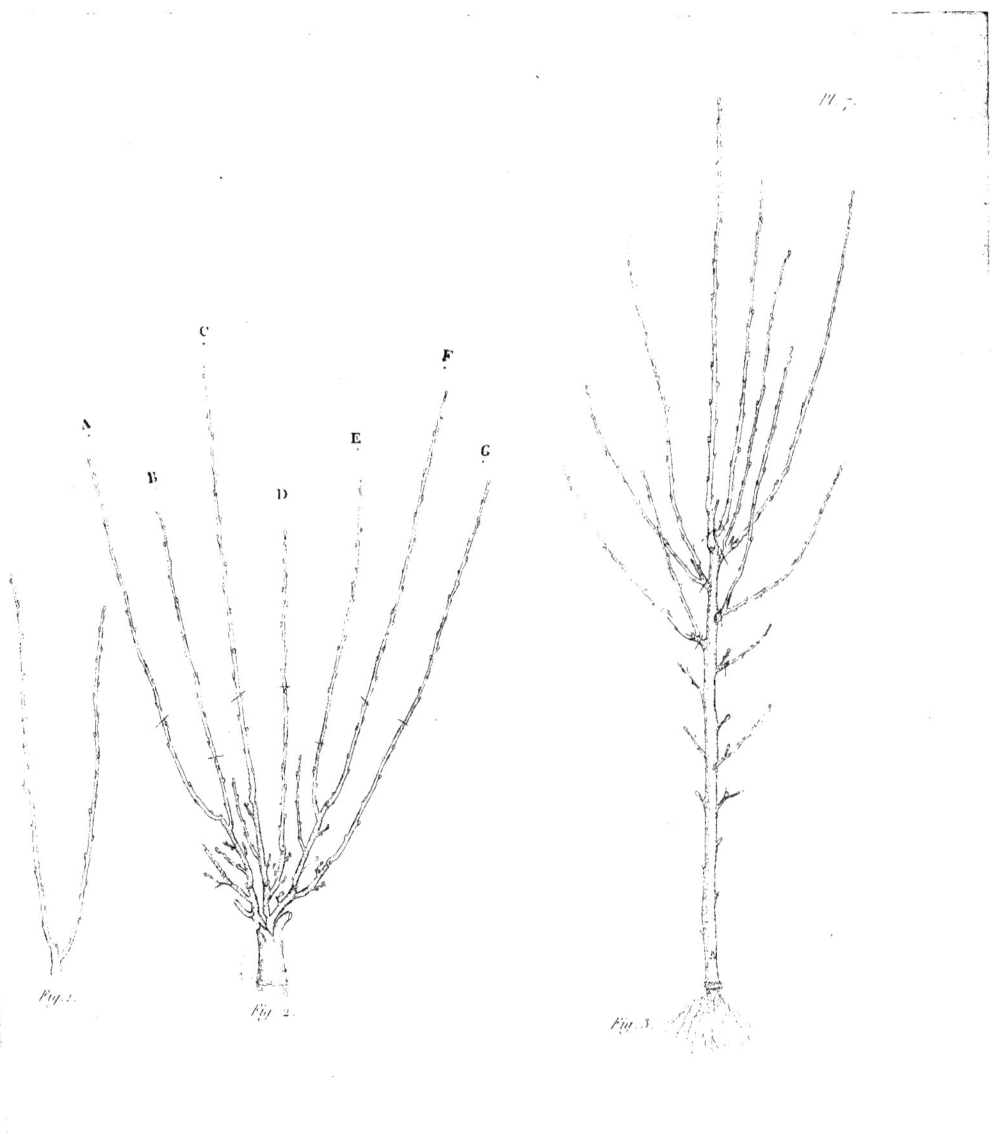
A
B
C
D
E
F
G
Fig. 1.
Fig. 2.
Fig. 3.

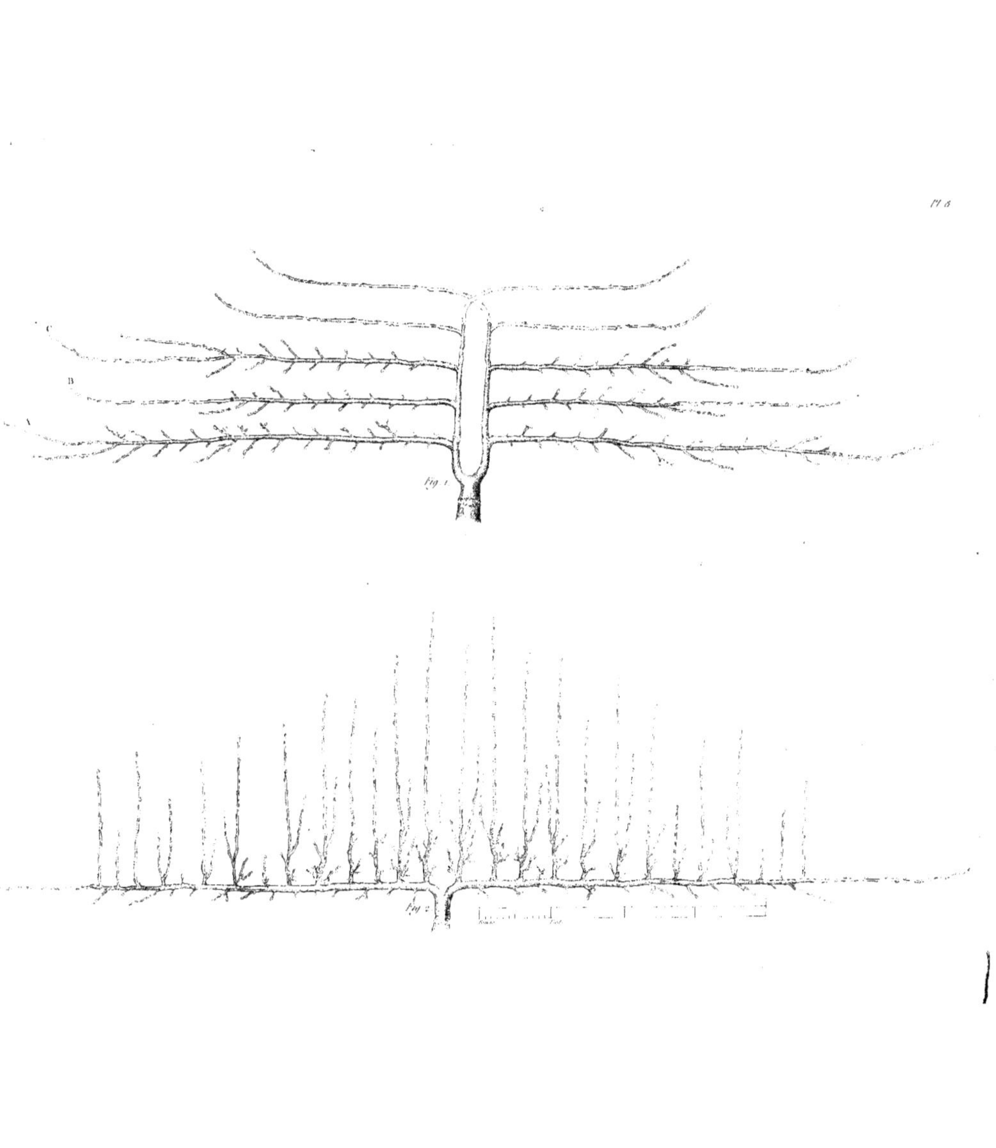
C
B
A
Fig. 1.
Fig. 2.